我国新型研发机构的兴起与探索

王来军 ◎ 著

·北京·

图书在版编目（CIP）数据

我国新型研发机构的兴起与探索 / 王来军著. —北京：科学技术文献出版社，2022.12（2023.10重印）
　ISBN 978–7–5189–9987–3

　Ⅰ.①我… Ⅱ.①王… Ⅲ.①科学研究组织机构—研究—中国 Ⅳ.① G322.2

中国版本图书馆 CIP 数据核字（2022）第 243675 号

我国新型研发机构的兴起与探索

策划编辑：陈梅琼　　责任编辑：李晓晨　　侯依林　　责任校对：王瑞瑞　　责任出版：张志平

出 版 者	科学技术文献出版社
地　　　址	北京市复兴路15号　邮编　100 038
编 务 部	（010）58882938，58882087（传真）
发 行 部	（010）58882868，58882870（传真）
邮 购 部	（010）58882873
官 方 网 址	www.stdp.com.cn
发 行 者	科学技术文献出版社发行　全国各地新华书店经销
印 刷 者	北京虎彩文化传播有限公司
版　　　次	2022年12月第1版　2023年10月第2次印刷
开　　　本	710×1000　1/16
字　　　数	221千
印　　　张	14.25
书　　　号	ISBN 978–7–5189–9987–3
定　　　价	68.00元

版权所有　违法必究

购买本社图书，凡字迹不清、缺页、倒页、脱页者，本社发行部负责调换

推荐序一

党的十八大以来，习近平总书记把创新摆在国家发展全局的核心位置，高度重视科技创新，围绕实施创新驱动发展战略，发表了一系列重要讲话，提出了一系列新思想、新论断、新要求。习近平总书记提出，创新是包括科技创新、理论创新、体制创新、制度创新、人才创新等多种创新的全面创新。习近平总书记关于科技创新的重要论述，指明了创新不仅包括直接促进生产力发展的生产方法创新，而且包括与生产关系有关的制度创新。

现实中，我国较多的科研组织模式难以适应市场快速变化的需要，科技创新供给系统难以满足经济社会发展的需要，必然通过组织变革和制度创新孕育新型研发组织，以满足研发机构从事科技创新达到"四个面向"的要求。

本书从历史维度、理论维度、实践维度、治理维度对新型研发机构进行了全面深入的研究，深入研究了新型研发机构的兴起、演进和发展趋势；对新型研发机构的最新理论进行了总结，明确新型研发机构的内涵、特征、功能、作用、评价及与其他创新主体的关系；进一步分析了新型研发机构建设运行的机制探索，分析了影响新型研发机构创新发展的关键因素；针对我国新型研发机构存在的主要问题提出了相关建议。

本书以贯彻习近平总书记关于科技创新重要论述精神为宗旨，重点关注新型研发机构的改革与发展，以理论分析和案例研究相结合、经验总结和政策设计相结合的方式，进一步丰富与完善了新型研发机构的规律认识和实践发展，具有重要的学术价值，值得新型研发机构的研究者、实践者参考。

陈劲
清华大学经济管理学院教授
中国科学学与科技政策研究会副理事长

推荐序二

改革开放以来,我国科技体制改革从20世纪80年代科研经费拨款、科研人员下海创业,到90年代末一大批国有科研机构向市场化转型,再到近些年的分类管理改革,基本走的是自上而下的改革道路。而新型研发机构的产生,以20世纪90年代创办的深圳清华大学研究院作为思想源头,后被称为"四不像"机构,到2005年东莞市第一次提出新型研发机构的概念和支持政策,再到2015年广东省政府、2019年科技部陆续出台支持新型研发机构的管理办法或相关政策,应该说,新型研发机构是中国近30多年少有的,在科技体制改革过程中出现的从市场到政府、自下而上探索的一种新现象和新路径。

新型研发机构是在新一轮科技革命和产业变革加速演进的大背景下,在国家和区域间科技经济竞争加剧形势下,为解决科技供给和科技需求之间的结构性矛盾而产生和发展起来的。新型研发机构一般由多个创新主体合作建设,集研发、转化、孵化、投资及产业化多种功能于一体,沟通联系各创新环节和创新功能,有效降低成果转化的制度性成本,成为沟通科技和经济的有效手段。同时,新型研发机构面向市场需求,采取市场化运行机制和现代化管理方式,通过组织变革和制度创新推动科技创新,以科技创新赋能产业发展,进而增强国家和区域竞争力。

伴随着新型研发机构的发展实践,产生了一批高水平学术研究成果。《我国新型研发机构的兴起与探索》吸收借鉴了当前最新的研究成果,从历史维度、理论维度、实践维度和治理维度,系统研究了新型研发机构兴起的背景和条件、运行机制和建设规律、存在问题和系统治理,既有现状分析又有历史回顾,既立足中国又放眼世界,既有微观分析又有系统论述,既有理论分析又有政策指导,是新型研发机构研究领域不可多得的一本著作。

该书具有以下4个鲜明的特点:一是坚持面向实践,做到理论分析和政策指导相结合；二是坚持问题导向，深入剖析问题原因，找准问题症结，提出解决问题的新理念、新思路、新办法；三是坚持历史思维和世界眼光，总结国内外新型研发机构的发展经验和教训，探究历史客观规律；四是坚持系统观念，把新型研发机构放在国家和区域创新体系当中，在与高校、科研院所、创新型企业等创新主体协同联动中进行研究，注重局部与整体、要素与系统、微观与宏观的结合。

该书诞生于济南市绝非偶然。济南市立足高校院所密集、产业基础雄厚的优势，面向世界科技前沿，以产业技术创新需要为导向，以新旧动能转换为主题，以绿色低碳高质量发展为目标，对接引进高校院所和高端人才团队，建成了山东产业技术研究院、山东中科先进技术研究院、山东工业技术研究院等一批"四不像"新型研发机构，在植物基因编辑、量子技术、空天信息、电磁驱动领域涌现出一大批世界领先的科技成果。政策环境之优、扶持力度之大、发展速度之快、模式探索之丰富，在国内"走在了前列"，形成了科技创新驱动发展的"济南现象"。

该书学习借鉴了新型研发机构领域的最新研究成果，资料丰富、论证扎实，可以为新型研发机构的建设者、管理者提供有益的启示，也可为理论研究者提供相关借鉴。该书的作者王来军在工作实践过程中进行系统研究和深入思考，将实践上升为理论成果并进行分享，做到了知行合一，相信一定可以激活"科技赋能发展"的一池春水。

中科院科技战略咨询研究院 刘会武

2022 年 12 月 1 日

前　言

我国新型研发机构萌芽于20世纪末期的珠三角地区，1996年深圳市政府与清华大学联合成立的深圳清华大学研究院，被认为是国内最早建立的新型研发机构。经过20多年的发展，新型研发机构在全国各地如雨后春笋般涌现，成为我国科技创新体系的重要组成部分。

新型研发机构的兴起和发展要放在全球及国内科技和经济社会发展的大背景下来审视，其契合新一轮科技革命和产业变革的需要，是生产力与生产关系、经济社会发展与科技进步、科技供给与科技需求、科技创新与制度创新矛盾运动的必然产物，其产生、发展和演进具有历史必然性。

从国际看，当今世界正经历百年未有之大变局，创新是推动经济社会发展、应对人类共同挑战的决定性因素。科技创新进入大科学时代，呈现出多源爆发、交汇叠加的"浪涌"现象。科学研究范式发生深刻变革，科研活动的复杂程度大幅提升，国家成为重大科技创新的组织者。科技与产业加速融合，科研、生产、市场转化过程一体化现象明显。从国内看，我国进入高质量发展阶段，经济发展的要素条件、组合方式、配置效率发生改变，面临的硬约束明显增多，资源环境的约束越来越接近上限，碳达峰、碳中和成为我国中长期发展的重要框架，高质量发展和科技创新成为多重约束下求最优解的过程。提高供给体系的水平和质量，发展动力实现由要素投入驱动向科技创新驱动转变，畅通国际国内"双循环"，实现"双碳"目标，保障产业链、创新链、供应链"三链"安全稳定，应对系统性风险挑战，比以往更加需要科学技术解决方案，更加需要增强创新这个第一动力。

国内外经济社会发展对科技创新提出了迫切需求，为其创造了基础条件，也提供了应用场景，促进了科技创新的迭代发展。但传统的线性科研范式已不符合科技创新发展的规律，原有的科研组织模式难以适应市场快速变化的需要，由国有科研机构、高校和企业等组成的科技创新供给系统难以满足经济社会发展的需要，必然需要通过组织变革和制度创新发展新型研发组织，以满足作为第一生产力的科技发展要求。在政府、高校院所、企业、金融机构等多方创新主体的共同努力下，新型研发机构应运而生并蓬勃发展。

新型研发机构的实践和政策制定迫切需要科学理论的指导。把新型研发机构实践经验上升为系统化理论，进而为实践提供科学指引，是新型研发机构理论研究的使命所在。新型研发机构理论研究是科技经济学说和科技创新理论体系的重要组成部分，其源于实践、指导实践、接受实践检验，并在实践中丰富发展。但现有成果普遍存在理论研究滞后于实践探索和政策制定的现象，理论研究的系统性不够，对机构发展和治理提升的指导性不足。同时，虽然各方主体在创办、发展和服务新型研发机构发展的实践中积累了丰富经验，但也暴露出自身发展和协同治理方面的诸多问题。破解实践难题，促进发展和治理，就要研究新型研发机构发展机制，揭示其创新发展的规律。

本书从历史维度、理论维度、实践维度、治理维度对新型研发机构进行全面深入的研究，旨在总结新型研发机构的理论成果、实践成果和制度成果。本书分为六章，第一章研究新型研发机构的兴起与演进，包括新型研发机构的兴起，背景条件、发展演变及演进趋势；第二章是新型研发机构的基础理论与创新成果，对新型研发机构的指导理论进行综述，对其最新理论成果进行总结，明确新型研发机构的概念、内涵、基本特征、功能作用、评价考核等基本理论问题，为实践和治理提供理论指引；第三章为新型研发机构建设运行的机制探索，分析影响新型研发机构创新发展的主要因素、需要处理的基本关系，总结典型新型研发机构具有的显著特征，从影响因素、基本关系等方面对新型研发机构的运行规律进行总结；第四章为我国各地发展新型研发机构的路径探索，重点对我国各地发展新型研发机构的沿革、政策、措施进行系统梳理，总结提炼出各地实践的共性特征和经验，重点对京津冀地区等采取的政策、措施进行分析；第五章为我国新型研发机构存在的主要问题与建议，从新型研发机构的目标定位、规划布局等方面进行分析，并提出促进其发展的建议；第六章是新型研发机构探索的案例研究，以济南高新区及其新型研发机构为案例进行研究，为我国新型研发机构的发展提供经验借鉴。本书附录提供了国内外新型研发机构经典案例和我国新型研发机构政策要点汇总，供读者研究参考。

前　言

本书以历史唯物主义和辩证唯物主义为指导，按照历史、现实、未来相贯通，微观、中观、宏观相结合，理论、实践、政策相统一的原则，总结运用新型研发机构相关理论成果和成功经验，对新型研发机构进行系统研究，聚焦回答新型研发机构从哪里来又向何处去，如何建设新型研发机构，如何治理新型研发机构等理论和实践问题，力图贯彻以历史考察为背景，以理论分析为基础，以现实问题为入口，以经验借鉴为参照，以对策建议为重点的研究思路，期望在理论创新、实践经验、制度建设等方面取得一定的成果，形成较为完备的新型研发机构理论体系。

笔者曾担任山东省工业技术研究院执行院长，在实践探索中对新型研发机构进行了理论思考。在担任高科技园区负责人期间，笔者有机会走进多家新型研发机构进行调研学习，见证了新型研发机构的成长历程，积累了案例和素材，而解决新型研发机构的发展和治理难题，激发了笔者思考和研究的动力。从在博士论文《基于创新驱动的产业集群升级研究》中进行宏观理论研究，到在《区域创新生态的探索与实践》中进行中观理论研究，形成了环环相扣、层层递进、相互支撑的理论体系，为本书的创作打下了理论基础。

新型研发机构具有多方主体治理、多种资源整合、多个功能叠加、多种活动衔接的特点，涉及科学、技术和创新各个方面，深度嵌入社会经济系统和国家创新生态体系，是一个实践性、应用性很强的新生事物。本书聚焦新型研发机构建设、治理的实践需求和突出问题，尝试进行理论分析和框架构建，并提出具有实践指导作用的方案和路径。本书不是严格意义上的学术著作，研究成果仅是初步的，但笔者还是愿意将其与读者进行分享，以期引发思考、讨论和争鸣，进一步促进我国新型研发机构发展、治理和理论研究。由于知识有限，本书难免存在不当之处，欢迎提出宝贵意见。

目 录

第一章　新型研发机构的兴起与演进 ……………………………………… 1
　　第一节　新型研发机构的兴起 ………………………………………… 1
　　第二节　新型研发机构兴起的背景条件 ……………………………… 13
　　第三节　新型研发机构的发展演变 …………………………………… 21
　　第四节　新型研发机构的演进趋势 …………………………………… 25

第二章　新型研发机构的基础理论与创新成果 ………………………… 29
　　第一节　科学、技术与经济学说 ……………………………………… 29
　　第二节　新型研发机构的指导理论 …………………………………… 33
　　第三节　新型研发机构的概念及内涵 ………………………………… 43
　　第四节　新型研发机构的理论成果 …………………………………… 65

第三章　新型研发机构建设运行的机制探索 …………………………… 69
　　第一节　影响新型研发机构创新发展的主要因素 …………………… 69
　　第二节　建设新型研发机构需要处理的基本关系 …………………… 73
　　第三节　典型新型研发机构具有的显著特征 ………………………… 77

第四章　我国各地发展新型研发机构的路径探索 ……………………… 93
　　第一节　政府支持科技创新和新型研发机构的理论逻辑 …………… 93
　　第二节　各地新型研发机构探索情况 ………………………………… 98
　　第三节　各地新型研发机构探索经验总结 …………………………… 112

第五章　我国新型研发机构存在的主要问题与建议 …………………… 125
　　第一节　我国新型研发机构存在的主要问题 ………………………… 125

第二节 促进新型研发机构发展的建议…………………………128

第六章 新型研发机构探索的案例研究……………………………147
  第一节 济南高新区新型研发机构发展环境………………147
  第二节 济南高新区新型研发机构发展情况………………151
  第三节 济南高新区新型研发机构案例研究………………161

附录1 国内外新型研发机构………………………………………169

附录2 国家层面政策要点汇总……………………………………193

附录3 省市层面政策要点汇总……………………………………195

参考文献……………………………………………………………205

第一章　新型研发机构的兴起与演进

当前，新一轮科技革命和产业变革蓬勃兴起，全球科技创新进入密集活跃期，颠覆性技术创新层出不穷，科学新发现和技术新发明呈现非线性、爆发式增长，直接转化为生产力和经济效益的周期大为缩短，引发了生产力和生产关系的重大调整。科技创新已经成为增强综合国力和国家核心竞争力的决定性因素，世界主要国家纷纷加强科技创新的战略部署，积极抢占未来科技创新的制高点。

第一节　新型研发机构的兴起[①]

新型研发机构是顺应科技革命和产业变革的产物。世界上最早的所谓新型研发机构产生于20世纪50年代，为解决企业发展中的研发需求及技术供给，美国国家标准技术研究院（NIST）、日本产业技术综合研究所（AIST）、德国弗劳恩霍夫应用研究促进协会（FHG）（简称"弗劳恩霍夫协会"）等一批各具特色的应用研发机构相继诞生。我国新型研发机构起源于珠三角地区，伴随着一系列支持政策密集出台，新型研发机构加速在全国落地，尤其是创新驱动发展战略提出以后，新型研发机构进入蓬勃发展期，各种类型的新型研发机构遍地开花，成为一股不可忽视的新兴科技产业力量。

新型研发机构的出现也受到学界的关注，一些学者对新型研发机构的概念进行归纳研究。苟尤钊和林菲认为，科研机构与企业之间不再是空白地带，

[①] 本书数据来源于2020年4—5月科技部火炬中心组织开展的全国各省市新型研发机构发展情况摸底调查工作所取得的32个省（自治区、直辖市）的信息反馈。

出现了介于二者之间或二者杂交体的新型科研机构；王勇和王蒲生总结了新型研发机构的核心特征，并将之划分为科研新型科研机构与创业新型科研机构。更多学者从新型研发机构的实际个案入手，集中于描述现象、概括特点和问题。例如，冯冠平和王德保通过剖析深圳清华大学研究院的运作方式与机制，提出新型创新平台的"四不像"定位理念；孙伟、高建和张帏等学者深入研究了深圳清华大学研究院在产学研合作模式上的制度创新，提出了"综合创新体"模型；董庆、郑淑俊和王宏广等学者分别研究了深圳华大基因研究院、中国科学院深圳先进技术研究院的发展和建设情况。通过大量的研究，众多学者初步归纳出新型研发机构的部分共性特征，但对于新型研发机构的研究仍主要是概念性和描述性的。

从政策层面看，2015年9月中共中央办公厅、国务院办公厅发布的《深化科技体制改革实施方案》提出，推动新型研发机构发展，形成跨区域、跨行业的研发和服务网络。2016年5月中共中央、国务院印发的《国家创新驱动发展战略纲要》提出，发展面向市场的新型研发机构。2016年9月，国务院印发的《北京加强全国科技创新中心建设总体方案》提出，创新科研院所运行体制机制，推广北京生命科学研究所管理模式。2016年8月，国务院印发的《"十三五"国家科技创新规划》提出，培育面向市场的新型研发机构，构建更加高效的科研组织体系。《2018年国务院政府工作报告》提出，以企业为主体加强技术创新体系建设，涌现一批具有国际竞争力的创新型企业和新型研发机构。2019年9月，科技部印发《关于促进新型研发机构发展的指导意见》，首次从国家层面对新型研发机构给出定义，规范并鼓励新型研发机构的发展。在国家政策的指引下，全国各地相继出台相关政策，鼓励当地的新型研发机构发展。

公开信息显示，全国31个省（自治区、直辖市）和新疆生产建设兵团中，22个地区已明确开展新型研发机构建设工作。其中，北京、天津、吉林、福建、江西、河南六地支持文件由省（市）政府或省（市）政府办公厅牵头印发；辽宁、内蒙古、上海、广东、重庆五地为多部门联合印发。在各级政府大力支持下，在产学研用多方共同努力下，新型研发机构的发展呈现出遍地开花、星火燎原之势。

一、机构数量快速增长，空间分布较为集中

1996年，清华大学和深圳市政府联合成立了深圳清华大学研究院，是我

国最早的新型研发机构；2006年，中国科学院深圳先进技术研究院组建，由此拉开了新型研发机构建设的浪潮。近年来，我国新型研发机构呈现井喷式发展。科技部火炬中心最新数据显示，截至2020年全国新型研发机构达2140家。新型研发机构成立时间分布如图1-1所示。

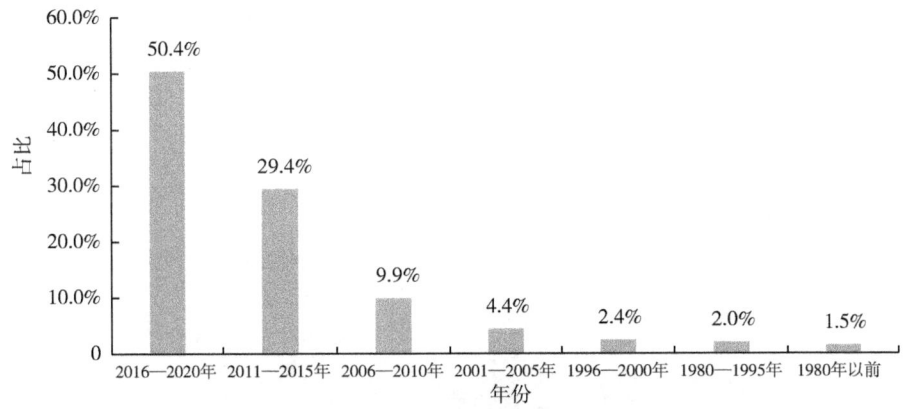

图1-1 新型研发机构成立时间分布

我国东部地区新型研发机构数量最多，占全国新型研发机构总量的73.9%。西部地区和中部地区的新型研发机构数量分别占全国新型研发机构总量的14.5%、10.3%（图1-2）。就省市来看，江苏、山东、广东、浙江、福建的新型研发机构数量居前5位。

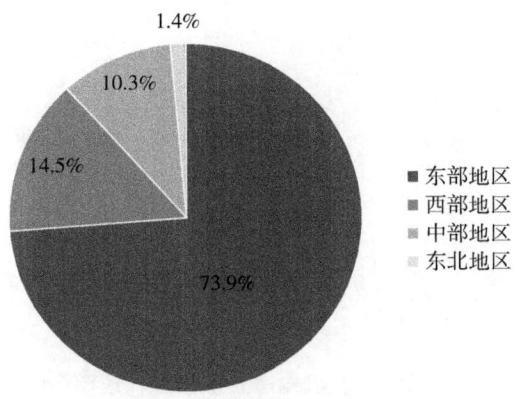

图1-2 新型研发机构区域分布

二、机构类型多样，建设主体呈多元化

从建设模式和管理运行机制看，新型研发机构与传统研发机构存在显著差异，均体现了多元主体联合建设的特征，有政府主导型、企业主导型和高校院所主导型等。

从机构类型或组织属性来看，企业性质的新型研发机构占比达到57.8%，其次为事业性质和民办非企业性质，占比分别为27.3%和14.6%（图1-3）。

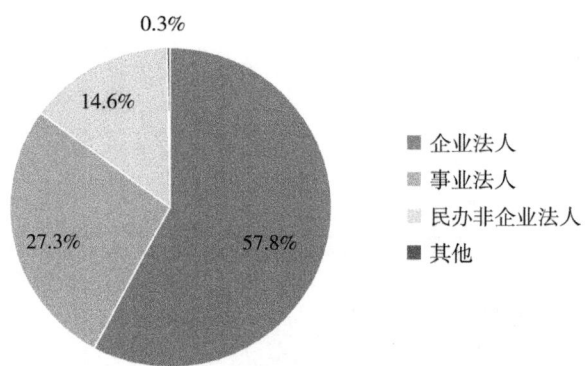

图1-3 新型研发机构法人类型情况

从运行管理模式来看，近七成新型研发机构建立了独立的理事会或董事会，实行理事会（董事会）领导下的院（所）长负责制（图1-4）。

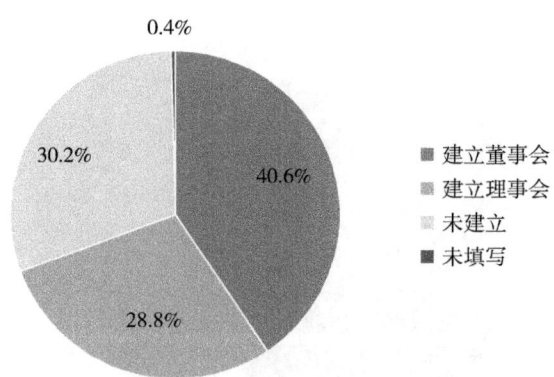

图1-4 新型研发机构建立董事会、理事会情况

从设立创新平台数量看，设立1～5个创新平台的新型研发机构占比高

达 50.8%，没有设立创新平台的新型研发机构数量高达 34.8%，显示出新型研发机构整体创新能力并不是特别强（图 1-5）。

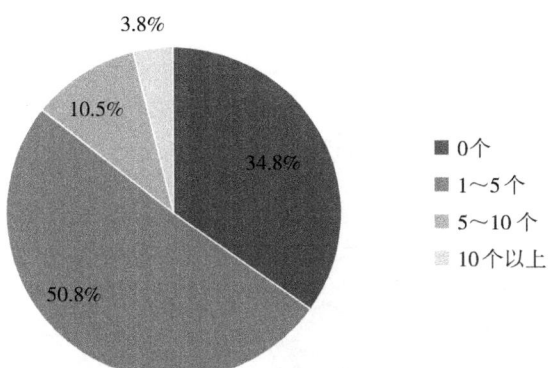

图 1-5　新型研发机构创新平台数量分布情况

三、运营条件基本完善，创新资源较为丰富

公开资料数据显示，我国新型研发机构普遍具有良好的发展基础条件和创新资源条件。

从人员规模看，新型研发机构的职工规模集中在 10～500 人。其中，10～100 人的占 75.7%，100～500 人的占 16.3%（图 1-6）。

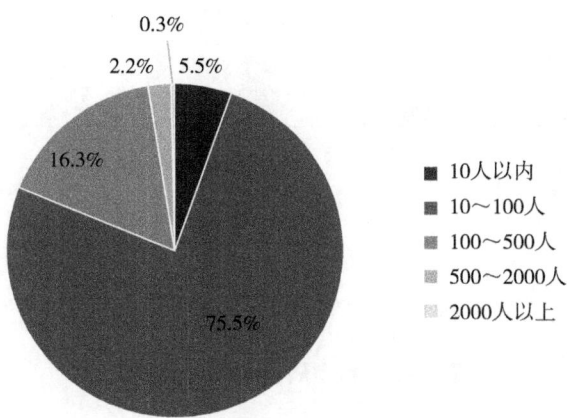

图 1-6　新型研发机构职工总人数情况

从注册资金看，注册资金为1000万～5000万元的新型研发机构数量占比为38.3%，注册资金为0～500万元的占比为32.3%，注册资金为5000万元以上的新型研发机构数量较少，占比为17.7%，可以看出新型研发机构的资金实力并不是特别强（图1-7）。

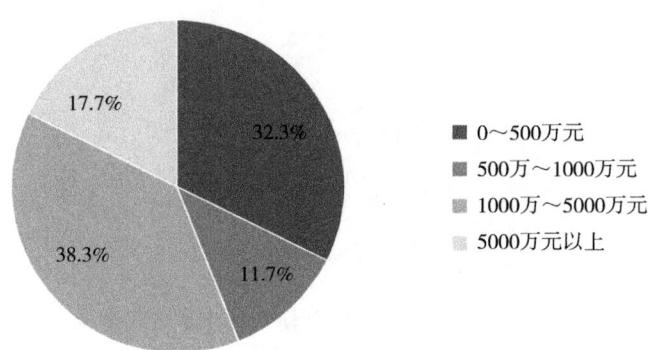

图1-7 新型研发机构注册资金分布情况

从固定资产看，97.0%新型研发机构拥有固定资产。固定资产在1000万～5000万元的机构占比为27.7%，固定资产在5000万～10 000万元的机构占比为6.5%，固定资产在10 000万元以上的机构占比为8.1%（图1-8）。

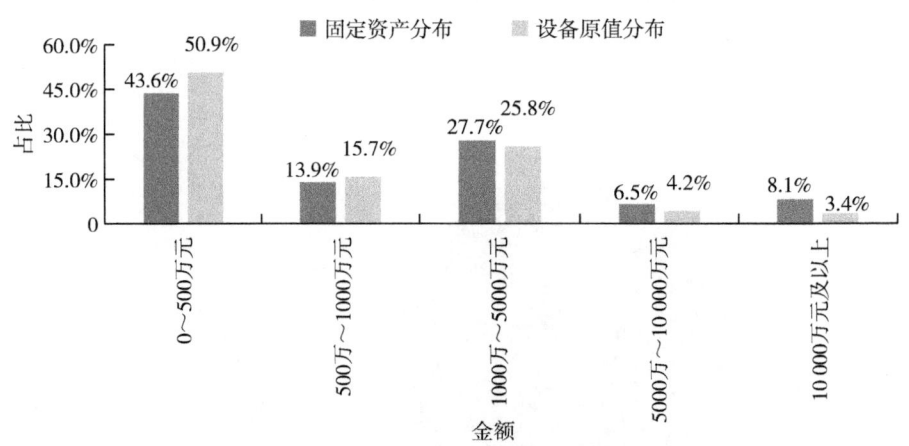

图1-8 新型研发机构资产情况

从办公科研场地看，新型研发机构采用自有场地、租用场地相结合的方式保证办公和科研活动，近70%的机构租用场地，面积均值在400平方米左右；

30%左右的机构采用自有场地办公或开展科研活动。

从研发仪器设备原值看，研发仪器设备原值在500万～1000万元的机构占比为15.7%，研发仪器设备原值在1000万～5000万元的机构占比为25.8%，研发仪器设备原值在5000万～10 000万元的机构占比为4.2%（图1-9）。

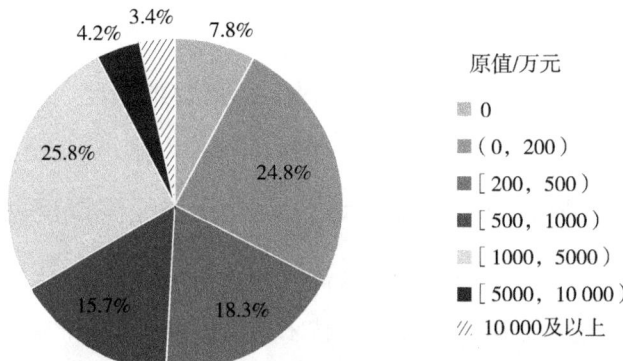

图1-9　新型研发机构研发仪器设备原值情况

从研发人员比例看，新型研发机构研发人员占比为66.4%，非研发人员占比为33.6%（图1-10）。

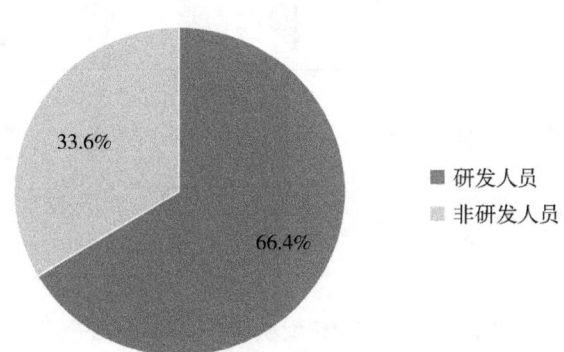

图1-10　新型研发机构研发人员占比情况

从人员学位构成看，截至2020年底，2140家新型研发机构人员总量达到20.77万人，科研人员达到13.32万人，其中具有博士学位的人员占比为18.8%，具有硕士学位的人员占比为22.3%（图1-11）。

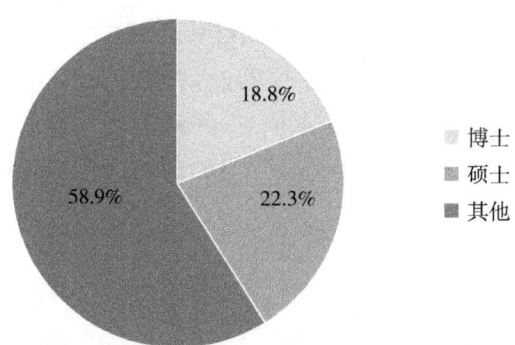

图1-11　新型研发机构人员学位构成情况

四、聚焦战略性新兴产业领域，促进科技经济深度融合

新型研发机构坚持面向世界科技前沿、面向经济主战场、面向国家重大需求、面向人民生命健康，瞄准产业技术前沿，聚焦重点产业领域，对提升产业创新能力形成有力支撑，新型研发机构产业领域分布如图1-12所示。

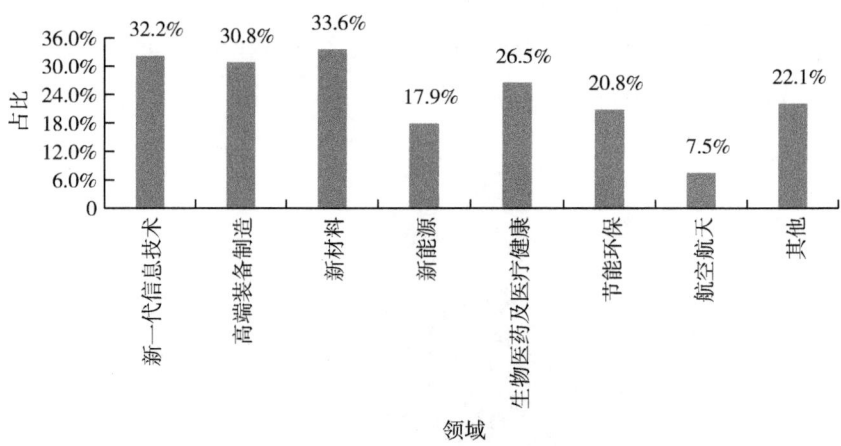

图1-12　新型研发机构产业领域分布

从目标使命看，新型研发机构有的强调国家科技战略目标，侧重开展基础研究和应用基础研究；有的强调区域或产业发展目标，以应用研发为核心开展研发孵化活动；还有的完全以市场化盈利为目标。

从功能侧重看，2140家新型研发机构普遍具备创新研发、企业服务、成果转化、创业孵化、人才培育等多元化功能特征，新型研发机构业务类型构成如图1-13所示。

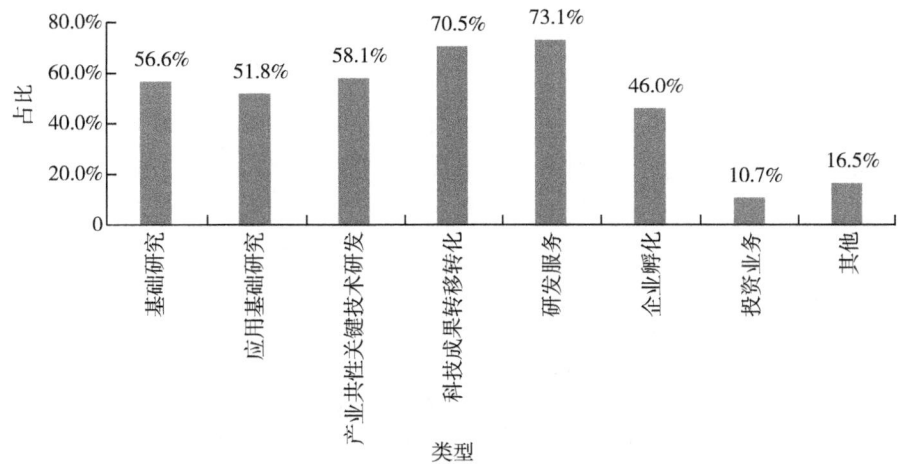

图1-13　新型研发机构业务类型构成

从研发投入看，88.0%的新型研发机构研发投入强度超过6%。其中，45.9%的新型研发机构研发投入强度在50%以上，26.3%的新型研发机构研发投入强度在20%～50%，15.8%的新型研发机构研发投入强度在6%～20%（图1-14）。

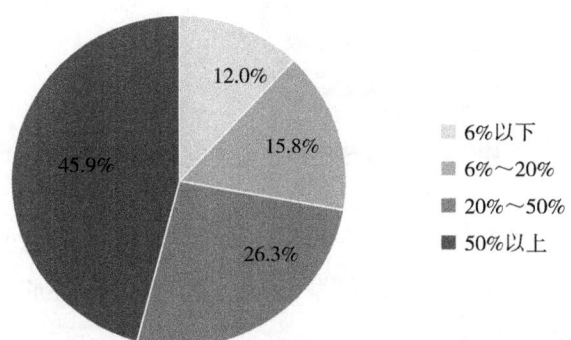

图1-14　新型研发机构研发投入强度情况

五、政府大力支持，发展绩效成果产出显著

从备案开展情况看，全国有17个省（自治区、直辖市）开展了备案工作，

共备案新型研发机构 788 家。其中，广东省备案的新型研发机构数量最多，达 251 家。

从政策制定情况看，全国有 26 个省（自治区、直辖市）出台了新型研发机构相关政策，鼓励新型研发机构发展。在政策支持下，各地新型研发机构发展成效初步显现。

从承接科研任务和项目看，2140 家新型研发机构共承担科研项目 34 527 项。超过一半的机构承担过国家和省部级科研项目，有 129 家机构承担了 253 项国际合作项目。2019 年，新型研发机构平均承担财政立项科研项目 3.8 项，平均科研项目经费 1254.5 万元。面向企业的研发服务活动繁荣开展，平均承接 28 个横向科研项目，平均横向科研项目经费 1358 万元，约是平均财政立项科研项目的 7 倍。

从专利成果产出方面看，新型研发机构专利成果较为丰富，66.2% 的机构拥有 5 件以下的发明专利，12.2% 的机构拥有 5～10 件发明专利，21.6% 的机构拥有 10 件以上发明专利（图 1-15）。

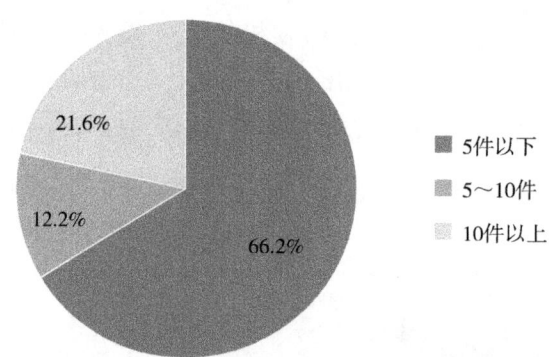

图 1-15　新型研发机构发明专利情况

从实用新型专利情况看，新型研发机构实用新型专利成果也较为丰富，25.9% 的机构拥有 10 件以上实用新型专利，10.5% 的机构拥有 5～10 件实用新型专利（图 1-16）。

第一章 新型研发机构的兴起与演进

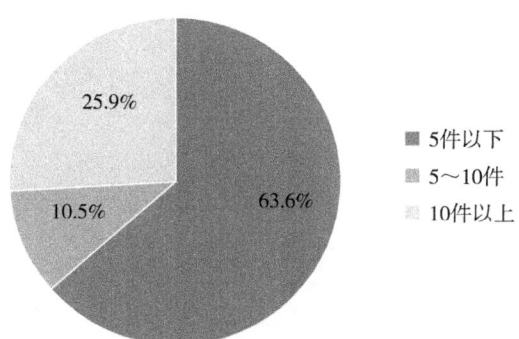

图 1-16 新型研发机构实用新型专利情况

从技术开发合同交易额看，2019 年新型研发机构四类技术交易合同中，技术开发合同成交额占比最高，达 77.8%，远高于全国技术开发活动成交额占比（图 1-17）。

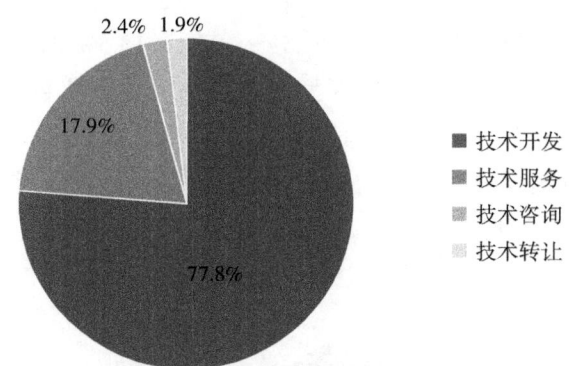

图 1-17 2019 年新型研发机构合同成交额占比情况

从盈利情况看，新型研发机构基于创新活动的经济价值转化较为显著，有 1156 家新型研发机构实现盈利，占新型研发机构总数的 54.02%；有 322 家新型研发机构净利润超过 500 万元，占新型研发机构总数的 15.05%。2019 年，新型研发机构收入均值近 1 亿元，47.8% 的新型研发机构实现了盈利，均值为 848.9 万元。16.6% 的新型研发机构净利润在 50 万元以内，11.7% 的新型研发机构净利润在 50 万～200 万元，19.5% 的新型研发机构净利润在 200 万元以上（图 1-18）。

11

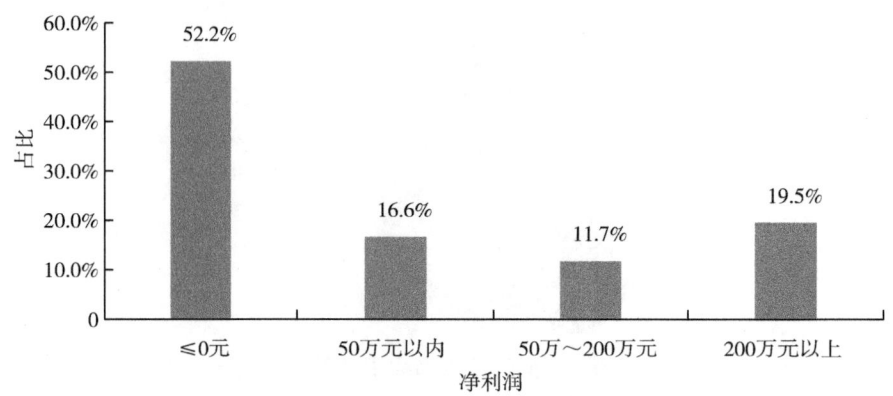

图 1-18 2019 年新型研发机构净利润情况

从孵化企业数量看,全国共有 168 家新型研发机构设立了 262 支产业投资基金,总规模达 218.23 亿元,累计投资企业 1608 家。46.0% 的新型研发机构已成功孵化企业,其中 20.2% 的新型研发机构孵化企业数量为 1~5 家;8.8% 的新型研发机构孵化企业数量为 5~10 家;13.5% 的新型研发机构孵化企业数量为 10~50 家;3.5% 的新型研发机构孵化企业数量为 50 家以上,累计达到 19 958 家(图 1-19)。其中,高新技术企业 2254 家,上市企业 101 家。有 1289 家新型研发机构面向企业开展检验检测认证、科技成果转化等企业服务,累计服务企业 11.9 万家。

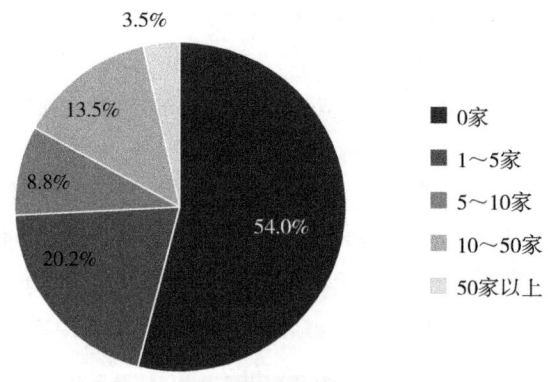

图 1-19 新型研发机构孵化企业数量

第二节　新型研发机构兴起的背景条件

科研机构是科技生产关系的组织形式，是科研人员从事研究与开发活动的机构，也是取得科学发现、技术发明的主要主体。从制度角度看，科研机构是进行科学研究的主要载体，是人们为了进行科研活动，根据科学技术发展的特点和社会的需要，将知识、技术、资本、设备等结合在一起的结构性制度安排。科研机构拥有开展研发所必需的基础条件、稳定的学术科研团队、明确的研发方向，在推动科技研发及成果转化方面承担着重要职责，是我国科技创新体系建设的重要载体，是经济社会事业发展的关键力量。

新型研发机构作为一种新的研发组织形式，最初是为了解决我国区域创新资源分布失衡、高校和科研院所科技供给能力不足、企业群体研发能力较弱等问题。凭借市场化的管理和运行机制、专业化的研发和服务体系，逐渐成为创新驱动发展的新生力量。新型研发机构是顺应科技革命和产业变革的产物，其兴起和发展是政治、经济、科技交织作用的结果，是"政产学研金服用"各方主体共同作用的结果，是微观创新主体与宏观环境相互作用的结果，是创新供给和需求内在矛盾发展演进的结果，对于盘活整合创新资源、实现创新链条有机重组、提升国家创新体系效能具有重要意义。

一、全球发展之势

前沿颠覆性技术不断涌现，多点式爆发、群体突破态势愈加明显。以云计算、大数据、物联网、人工智能、区块链等为代表的一系列新兴数字技术取得重大突破并向经济社会各个领域扩散应用，推动了生产方式变革。以合成生物学、脑科学为代表的生命科学领域孕育新的变革，数字化先进制造技术加速推进制造业向智能化、服务化和绿色化转型。一批关键通用技术大规模商业化应用，重要领域产业变革正从导入期向拓展期转变，抢抓先发优势和未来主导权的全球性战役已经打响。

新一轮科技革命和产业变革成为全球竞争的焦点，围绕科技制高点的竞争空前激烈。各国普遍认识到了科技创新在国家竞争、构筑国家发展新优势中的关键作用，在事关国家目标和公共利益的关键领域，采取更有力的措施，引导科技创新活动，从战略、政策、要素配置等方面加强干预，加强国家对中长期科技发展的导向，大幅提升对科技创新活动的基础强度与政策优惠力度。21世纪以来，世界各主要国家不断发布重大科技创新战略。美国先后发布三版《美国创新战略》；欧盟设立框架计划，涵盖支持创新过程的所有活动；德国分别于2006年、2010年、2014年和2018年发布了四版《德国高技术战略》；2013年，日本发布《科学技术创新综合战略》。

全球发展环境对我国经济发展和科技创新形成压力，迫切需要科技创新形成有力支撑。全球发展环境日趋复杂，不稳定性、不确定性因素显著增加。新冠肺炎疫情带来广泛而深刻的影响，经济、科技全球化遭遇逆流。美国将中国视为战略竞争对手，在经济、科技、投资等多领域采取了一系列对抗措施，妄图打压中国高技术发展，从而维护美国科技领先优势。为应对环境变化和挑战，我国要坚持体制机制创新和科技创新"双轮驱动"的创新发展路径，大胆探索提高创新效率和效益、降低创新成本、贯通创新链条、促进科技经济结合的科研组织模式。

新型研发机构所代表的新科研范式已经成为各国重组科研组织体系，应对国际科技创新竞争的重要模式。传统意义上的基础研究、应用研究、技术开发和产业化的边界日趋模糊，科技创新链条更加灵巧，技术更新和成果转化更加快捷，产业更新换代不断加快，科技创新活动不断突破地域、组织、技术的界限，迫切需要研发组织形式的突破。随着关键技术领域的竞争日趋激烈，主要创新型国家提高政策力度并创新组织机制，注重利用财政、机构、产业等政策工具，拉动关键领域和未来技术领域的科技创新。世界主要创新国家都在调整科研组织体系，建立适应新兴科学和技术发展的管理架构，力求在新一轮科技革命中赢得优势。近年来，新型研发机构成为先进国家吸引创新人才、推动产学研结合、加快成果产业化的重要平台。欧盟、英国、日本等加大对新型研发机构的支持力度。美国总统科技顾问委员会相关报告建议设立未来产业研究所，通过组织创新为未来产业的发展带来新的革命性新范式。美国在近两年组建了4家制造业创新研究所（IMI）、5家能源创新中心。这是面向国家战略需求组建的多部门参与、学科共建、主体多元、市场化运营的研发机构，促进从基础应用研究到创新技术产业的创新链整合，解决创新链环节割裂问题，成为未来产业研发体系的核心主体。

二、创新资源之困

我国高校和科研院所科技供给能力不足,企业整体研发能力较弱,科教资源空间分布和企业需求空间分布也存在较大的错配,这些都加剧了科创资源的供需矛盾。

我国高校院所等创新资源多集中在东部地区,科教资源主要集中在直辖市和省会城市,中西部地区和非省会城市的创新资源和科教资源较少,尤其是高水平创新资源和科教资源非常稀缺。创新资源空间分布不均衡并不必然导致供需之间的矛盾,因为科教中心往往也是经济中心,经济不发达的地区缺少对技术创新的需求,真正供需矛盾突出的是那些经济发达但创新资源稀缺的地区,这种矛盾在长三角和珠三角两个经济发达的地区表现得最为明显。长三角和珠三角经济发展水平较高,城市发展较为均衡、县域经济较为发达,但科教资源主要集中在省会城市,导致创新资源的供给与需求之间的矛盾在非省会城市非常突出。新型研发机构作为一种从丰裕区域向稀缺地区投射创新资源的手段(校地合作、院地合作的形式),可以有效缓解创新需求和创新供给在空间上的结构性矛盾,这也可以解释为什么第一家新型研发机构诞生在深圳,以及为什么江苏和广东的新型研发机构数量最多。因为相对而言,这些地区中以高校和科研院所为代表的创新资源集中在省会城市,而非省会城市企业众多,对人才和技术的需求同样迫切。对于新型研发机构在东南沿海地区的蓬勃发展,中国科学技术发展战略研究院科技体制与管理研究所所长李哲认为:"东部沿海地区尤其是珠三角地区先进入产业转型升级阶段,对技术和创新的需求日益增加。与之形成反差的则是该地区的科技资源相对匮乏。面对技术需求不断增长、有效技术供给日益突出的矛盾,整合政产学研多种资源,建设能直接支撑产业技术创新的新型研发机构,成为一些地区填补创新链缺失环节、完善区域创新的必然选择。"

我国企业创新能力,尤其是基于研发能力的技术创新能力不足。据统计,我国规模以上工业企业中只有约四成企业开展了技术创新活动,中国制造业企业500强研发投入占营业收入的比例仅为2.08%。2018福布斯全球最具创新力企业百强榜中,我国入围企业仅有7家,而美国有51家。在改革开放前30年,我国自力更生,以"一厂一所"模式,构建了产业研发体系和工业体系。改革开放以后,许多实际充当企业研发机构的科研院所被迫转制。另有很多企业面临技术差距，放弃自主研发，充当代工角色，陷入引进国外技术竞争的恶性循环。我国企业整体研发能力较弱，无法支撑技术升级和向价值链高端爬升，因此必须借助外部力量开展技术创新活动，新型研发机构能够作为有益的补充，弥补企业群体研发能力较弱的问题。

高校和科研院所不能满足产业和经济社会的科技需求。作为知识创新的源头，高校和科研院所在基础研究和前沿领域探索等方面发挥着至关重要的作用。然而，受到内在动力机制薄弱、外在经济载体缺乏、社会投资机制不畅等三大瓶颈制约，大批拥有自主知识产权的科技成果停留在实验室阶段，产业化率极低。

三、传统研发机构之弊

传统研发机构仍然沿用过去的运行机制，很难适应现代产业发展形势和需要。我国大部分科研机构由国家建立，体现国家意志，组建建制化科研力量开展研发活动，具有基础性、前瞻性、战略性地位。传统研发机构往往是由转制院所、企业研发机构、财政资助科研院所等构成的，其功能定位、作用与市场和产业脱节，亟须转变运营机制。传统科研机构按照线性模式参与科学发现、技术发明、产业发展的某个环节，容易出现信息不对称、管理滞后、协作不足等弊端。多数传统研发机构沿袭高校和科研院所的事业单位属性和行政垂直隶属关系，按事业单位模式运作，功能定位多重纠缠，创新主体功能容易受到外界的干扰。

传统科研机构的治理结构不合理，缺乏自主权，严重限制了研发机构的发展。这就带来传统科研机构的成果供给难以满足产业和市场需求的矛盾。从供给侧看，科学家开展基础研究往往以发表论文为目标，高校和科研院所由于"指挥棒"等原因不愿意或没有能力向创新链后端延伸，科技成果有效供给不足。从需求侧看，企业需要好的、能转化为产品的技术，但由于投入大、周期长、风险高等原因，没有意愿或能力向创新链前端拓展。从成果类型看，我国高校和科研院所的研究成果多属于基础科学范畴，与能够产业化的技术存在较大差距。从应用研究能力看，我国高校和科研院所科研人员的整体科研能力，尤其是应用技术的研发能力，与先进国家和先进企业的研发能力存在差距，导致即使是应用技术领域的研究成果，也因为失败率高、成本高或不够先进而无法满足企业需求。从体制机制看，由于采用行政化管理，处于上游的科学发现与产业化脱节，科学发现停留在论文发表层面。我国专利申请主体以高校和科研院所为主，技术创新更关注于理论基础和科学研究，与产业脱节严重，基础研究成果难以被应用到实践中。科学研究决策投入方向倾向于世界排名、显示度，对产业和经济发展支撑不够。在一些重大的科学研究投入上，存在投入方向与经济社会发展需求结合不够紧密的现象。

四、产业发展所需

科技与产业融合发展，是科技与经济结合的途径与着力点。科技是人类认识自然、改造自然的知识体系，产业是利用知识创造物质财富的经济体系。各国政府不断研究和认识科技促进产业发展的规律，研究和认识产业牵引科技创新的规律，研究和制定促进科技与产业融合的精准政策，努力打通科技与产业融通的堵点，搭建科技与经济结合的桥梁。

恩格斯指出："社会一旦有技术上的需要，这种需要就比十所大学更能把科学推向前进。"无论是传统产业的改造提升、战略性新兴产业的发展，还是对前沿未来产业的培育，都对科技创新供给提出更高要求。我国对创新资源的需求呈现迅猛增长态势，但大多数企业的整体研发能力较弱，无法支撑技术升级和向价值链高端爬升，因而必须借助外部创新力量。传统研发机构已经无法满足现阶段日益增长的创新需求，经济社会呼唤新兴科技力量的出现。新型研发机构的出现成功切入了这一空缺之处，有效地促进了现代企业的发展，带动了区域经济的腾飞。新型研发机构的本质是作为缓解科技创新资源供需矛盾的解决方案，即通过院地合作、校地合作建设新型研发机构的形式，将高校、科研院所的科技创新能力进行跨区域、跨组织边界的投射，以实现创新供给的重新布局和释放。新型研发机构破除束缚创新的陈旧观念、体制弊端，通过从源头创新到新技术、新产品、新市场的快速转换，充分释放创新活力。作为科技和经济紧密融合的纽带，新型研发机构的发展关系到产业的高质量发展，把科技创新活动与产业活动紧密结合，能够更好地推动传统产业转型升级，推动经济高质量发展。"创新来源于市场导向，成果体现在企业报表中"，这句话成为深圳清华大学研究院的座右铭。该院资产近百亿元，成功孵化出600多家高科技企业，造就上千名千万富翁，成为实至名归的高科技上市公司的摇篮。

五、技术进步所逼

新一轮科技革命正在推动生产方式和产业变革，也推动科研范式和科技创新模式变革。信息通信技术促进了知识传播和创新交流，并为科研提供了重要手段，带动了新兴学科创新和技术群体跃进。数字技术的进步推动了世界更大范围、更深程度的连接，提升了创新资源的流动性和可用性，使得创新要素资源更便于获取，创新参与门槛大幅降低，创新主体范围得以扩大。科技创新呈现出交叉、融合、渗透、扩散的特征，跨学科研究和多学科交叉不断开拓出新的研究领域，形成新的学科生长点和革命性创新。数字化、智能化推动科研组织体系向交叉融合和无边界方向发展，知识分享和跨界交流合作成为常态。科学技术与工程的界限日益模糊，科学技术产业化转换周期越来越短。重大科学研究的复杂性、艰巨性程度越来越大，需要整合全球创新资源，建造重大科学基础设施，汇聚全球科学家，共同参与并开展网络式分布式研究。

在科研范式变革方面，人类正在步入新的科研范式变革周期，网络化、数字化、平台化、社会化趋势明显。科研范式是科学研究的理念、行为和规范。科研范式的变革需要相应改变科研的思维方式、行为方式和组织方式。在科研思维方面，传统的线性思维方式显然不适应现代复杂的科学问题，非线性思维方式才有机会产生新方法、新技术。平台科研模式的兴起，由过去单任务小农作坊式科研模式升级为集成发展的大平台模式，小用户可以借助于平台开发技术应用。去中心化的思路也备受关注，科研模式正在经历从单向到多向、从中心化到去中心化的发展，因此需要探索并建立具有共赢效应的、去中心化的新科研模式。图灵奖得主吉米格瑞于2007年提出了继实验科学、理论科学和计算科学之后的第四种科研范式——数据密集型科研范式，强调通过海量数据处理来发现科学问题的内在规律。数字技术的突破极大提高了对大数据的处理能力，使得数据密集型科研范式有望真正实现。数据成为科研活动的基础要素，大数据、人工智能、平台驱动成为继实验科学、理论分析和计算机模拟之后新的科研范式。数据驱动的科学研究新范式为有组织、策略化颠覆式创新赋能。数据、算力、算法成为推动研究范式迭代更新的智能化要素。

在科研模式变革方面，数字化、智能化推动科研组织体系向交叉融合、无边界方向发展，科研体系向开放科学转型，知识分享和跨界交流合作成为常态。科研活动以数字化方式进行，推动科研组织边界消失，使得构建开放协同创新网络成为科技创新的必然趋势。人工智能的出现和快速发展对创新模式产生了根本性影响，面对快速变化的市场环境和用户需求，许多企业开始实施人工智能驱动的迭代创新模式，利用人工智能技术，将大量外部利益相关者连接并纳入创新过程，驱动由创意到产品的迭代循环，实时响应用户个性化需求，持续更新产品与服务。创新模式从传统以技术发展为导向、以科研人员为主体、以实验室为载体的科技创新活动，向以用户为中心、多元主体参与、更大范围合作为特点的开放式创新转变，产生了众包、平台创新、协同创新、参与式创新等创新模式。创新资源配置方式和科研组织模式呈现由政府、市场、社会主导的3种类型交互发展，主体多元、市场导向、自下而上创新比重增加，研发活动的公私合作也将不断加强。

在科研组织模式方面，数据驱动的平台化生态将成为新的科研组织模式。构建创新生态是集聚整合创新资源和提高创新效率的关键。科研对象呈现复杂性、多元性，科研内容的交叉性、融合性越来越强，科研活动学科细分化、领域交叉化和合作网络化越来越明显，单兵作战模式和小规模团队作战模式已无法适应高风险、高投入、高度不确定性的综合性创新活动要求。创新活动需要政府、高校、科研机构、企业共同参与，以解决基础研究、技术科学、产业应用的全链条问题。应用导向、场景驱动为科学发现和技术创新提供新方向，科技研发与应用结合得更加紧密，创新活动不断向下游延伸，生产成为继研究、发展后的第三创新环节；科学发现—技术发明—商业化应用距离日益缩短，市场需求—技术需求—科学突破的反向互动更加明显。研发范式不再单纯遵循线性模式，而是更多走向多向发力。

六、政府力量所推

虽然新型研发机构的兴起与发展是由市场需求牵引，但也离不开政府力量的推动。政府作为国家创新体系的重要主体，既是创新资源的提供者，创新活动的参与者、合作者，也是创新过程的监督者、创新成果的消费者，不仅为科技创新活动提供资源供给和制度环境保证，而且在引导创新方向中的作用愈加明显。政府在科技创新中发挥作用主要是为了弥补市场失灵，在战略引导、规划布局、政策扶持、基础建设、环境营造、组织协调等方面发挥着重要作用。

新型研发机构源于地方政府在推动产业升级和创新转型发展方面的自发探索，总体上是由地方政府主导建设的。关于新型研发机构的相关支持政策也是率先由地方政府设计推出的，至今许多省市都出台或正在研究出台与新型研发机构相关的支持政策和管理办法，鼓励引导新型研发机构健康发展。新型研发机构的建设初衷是为了解决区域创新资源分布失衡、高校和科研院所的科技供给能力不足、企业群体的研发能力较差、高新技术产业开发的高层次人才紧缺等问题。而今，新型研发机构作为一种新的研发组织形式，凭借市场化的管理和运行机制、专业化的研发和服务体系，逐渐成为地方创新驱动发展的新生力量，对聚集创新资源、满足区域创新需求、推动产业转型升级和经济高质量发展具有重要的意义，对提升区域核心竞争力、强化创新生态治理能力、推动创新体制机制改革等也具有重要的作用。

中央政府层面，从完善创新体系、壮大创新主体等角度陆续出台一系列政策措施，引导、支持、推动新型研发机构的发展。2015年，《深化科技体制改革实施方案》明确提出，制定鼓励社会化新型研发机构发展的意见，探索非营利性运行模式。2016年，《国家创新驱动发展战略纲要》提出，围绕区域性、行业性重大技术需求，实行多元化投资、多样化模式、市场化运作，发展多种形式的先进技术研发、成果转化和产业孵化机构。同年，《"十三五"国家科技创新规划》提出，发展面向市场的新型研发机构，制定鼓励社会化新型研发机构发展的意见，探索非营利性运行模式。2020年，《中共中央国务院关于构建更加完善的要素市场化配置体制机制的意见》明确指出，支持科技企业与高校、科研机构合作建立技术研发中心、产业研究院、中试基地等新型研发机构。《中华人民共和国国民经济和社会发展第十四个五年规划和2035年远景目标纲要》提出，支持发展新型研究型大学、新型研发机构等新型创新主体，推动投入主体多元化、管理制度现代化、运行机制市场化、用人机制灵活化。2021年9月28日，习近平总书记在中央人才工作会议上强调，集中国家优质资源重点支持建设一批国家重点实验室和新型研发机构，发起国际大科学计划，为人才提供一流的创新平台。总书记在讲话中将科技平台建设和新型研发机构建设并列，凸显了新型研发机构建设的重要地位和作用。2021年12月我国新修订了《中华人民共和国科学技术进步法》，在第五章科学技术研究开发机构的第五十六条中明确，国家支持发展新型研究开发机构等新型创新主体，完善投入主体多元化、管理制度现代化、运行机制市场化、用人机制灵活化的发展模式，引导新型创新主体聚焦科学研究、技术创新和研发服务。从法律上确立了新型研发机构作为新型创新主体的法律地位，从功能上明确了在国家创新体系中科学技术研究开发机构的定位。

第三节　新型研发机构的发展演变

准确把握新型研发机构的未来发展，需要从历史中寻找答案，从过去发展演进历程中寻求规律。本节以科学技术发展史和国际比较的视野，从世界研发机构的演变历程、我国研发机构的演变历程两个方面着手，系统梳理新型研发机构的发展演变规律。

一、世界研发机构的演变历程

从科技自身发展看，科技创新从最初"闲人的思维体操"，到成为独立的社会建制，再到今天成为经济社会发展的主导要素，对经济发展的支撑和引领作用不断增强。从研发机构的发展看，世界研发组织的演变经历了从早期的经院式研究组织到近代研究组织，再到第二次世界大战后政府主导的现代科技机构的演变过程，形成了研究型大学、企业研发机构、国家科研机构、多元主体新型研发机构组成的科研体系。研究型大学主要从事自由探索式研究，并培养人才。企业研发机构是以企业的商业目标为主导，主要从事新技术和新产品研发，以及改进产品和工艺。国家科研机构是服务于国家目标和国家利益，解决国家和社会发展中的重要科技问题。世界研发机构的演变主要经历以下几个重要的阶段。

第一次科技革命时期（18世纪60年代至19世纪40年代），随着欧洲文艺复兴的到来和近代科学革命的开启，实验方法被确立为科学最重要的实践基础，此时的科学从自然哲学范畴中抽离出来，由经验思辨发展为实验形态，推动了知识总量的加速增长。欧洲建立了"科学共同体"形态的组织机构，其代表机构为英国皇家学会、法兰西科学院等，科学实现了初步的社会体制化，并被纳入整个社会生产的分工体系之中，对科学技术的发展产生了深远影响。

第二次科技革命时期（19世纪中期），科学和技术之间逐渐融合，科学发现开始广泛应用于经济活动，科学技术的生产力性质越发体现出来。德国的李比希化学实验室和英国的卡文迪许实验室，使科学技术以特有的魅力和价值吸引众多人踏上科学探索之路。科学活动的组织化、职业化和专业化趋势不断加强，科学家群体、跨国合作的研究方式取代了个体精英传统的分散、独立地从事科学研究的方式，大幅提升了知识的产出效率。

第三次科技革命时期（二十世纪四五十年代），形形色色的科学交流网络不断兴起，科学共同体的社会结构显得多变而复杂，专业化程度不断提升，科学、技术与产业之间的关系越来越密切。这一时期，跨国公司逐渐兴起并参与全球资源配置，企业成为技术创新的主力军，大学、科研机构成为科学探索的主战场。随着科学与技术融合的加速、科技创新对经济支撑作用的增强，人们逐渐认识到科学探索、技术发明、产业发展和经济增长之间存在着较强的内在关联，在世界范围内催生出了大量不同类型、不同领域、不同规模，但以促进科学、技术、产业和经济发展为导向的创新型研究机构（研究院）。

20世纪末期以来，各国政府普遍开始重视促进技术创新的政策和组织建设，强调把国家科学和技术研究系统植入国家工业技术体系，形成统一的科技创新系统。进入21世纪，全球促进区域或产业创新发展的新型科技组织纷纷出现。其中，德国政府于2001年将拥有18个国家实验室、运行大科学装置的亥姆霍兹联合会设立为正式注册的独立研究实体，倡导跨机构、跨领域开展应用基础研究；日本于2001年将隶属于经济产业省的工业技术院重组，组建独立法人的AIST；印度政府从2002年开始着手对印度科学与工业研究理事会（CSIR）进行再造，推进"组建网络协同研究联盟"计划；法国政府于2005年出台竞争力产业集群计划。

新型研发机构近年来在各国的发展步伐不断加快，并逐渐成为科技创新的中坚力量。2008年欧盟成立欧洲创新与技术研究院，2012年英国政府建设技术与创新中心，到2015年美国政府建成和筹建了9家制造业创新研究中心，希望通过整合政府、学术界和企业界的资源，构建国家制造业创新网络。

二、我国研发机构的演变历程

我国科技创新组织范式变革是伴随着经济体制、科技体制和高教体制等改革而展开的，新型研发机构是这一变革的产物。我国研发机构的演变历程主要有以下几个阶段：

——新中国成立后。形成了计划经济体制下的科技体制和科研组织模式，形成了由中国科学院、国防科研机构、高校、中央各部委科研机构和地方科研机构等构成的科研机构体系（又称"五路大军"）。这些机构由政府兴办并由政府预算支持，以国家战略需求为导向，体现政府意志，按照政府管理体制进行管理和运行，快速形成国家科研组织体系，培养出大批科技人才，解决了国家发展各重要领域的重大科学问题和关键技术，产出了"两弹一星"、人工合成牛胰岛素等一批杰出的科技成果，有力支撑了新中国的建设。但是，这些机构基础研究、应用研究和商业转化间的界线分明，呈边界清晰的独立存在，基本因循布什线性模式，创新发展的复合功能目标严重缺乏，科技与经济"两张皮"问题突出。

——改革开放后的科技组织发展。改革开放以来，我国大力推进公共科研体系改革，推动建立符合现代科研规律的高校和院所制度，建立以职能定位为基准的分类管理，扩大高校院所自主权，增强原始创新能力和服务经济社会发展能力。科研院所作为改革重点，经历了从建立有偿合同制，到"稳住一头，放开一片"，再到技术开发类院所企业化转制和公益类院所分类改革，再到当前的探索建立现代院所制度。中国的国家科研机构经历了改革、转制和发展。一批为中国科技和经济社会发展立下汗马功劳的国家科研机构转制为企业或企业中的科研机构。1985年《中共中央关于科学技术体制改革的决定》明确各类科研机构的定位及发展方向：一是高等学校和中国科学院在基础研究和应用研究方面担负着重要的任务；二是产业部门的研究机构要根据需要加强应用研究；三是国防科研机构应当建立军民结合的新体制；四是大型骨干企业要逐步健全自己的技术开发部门或研究机构。1995年，按照"稳住一头，放开一片"的方针，提出以政府投放为主，稳住少数重点科研院所和高等学校的科研机构，从事基础研究、有关国家整体利益和长远利益的应用研究、高技术研究、社会公益性研究和重大科技攻关活动。1999年，《中共中央 国务院关于加强技术创新，发展高科技，实现产业化的决定》提出，推动应用型科研机构实行企业化转制。当时，一批应用开发机构转制为企业。

——改革进行时。历经30年，科技体制进一步改革与完善，有效打破原来相对封闭和僵化的行政管理体制，在一定程度上解决了科技与生产脱节的

"两张皮"问题。1996年12月,清华大学和深圳市政府合作建立深圳清华大学研究院,揭开了新型研发机构建设的序幕。从单纯的科学研究机构发展成为产业和区域创新生态的支撑平台或创新赋能组织。研发机构的转变主要体现在以下几个方面。一是使命和发展定位变化。从科学技术研究的国家使命导向到支撑地方经济发展、自我发展壮大的使命导向。二是机构功能和性质变化。研究、开发、转化、孵化、扩散的综合功能,科研机构、科技企业、科技投资、科技服务的集成性质。三是运行机制和发展模式的转变。由事业单位、民办非企业、企业组成的体制建设转向将科技研究、开发转化、孵化和服务、投资收益等融通的发展新模式。

——"四不像"理论发展阶段。新型研发机构的科技研发、成果转化、企业孵化、人才培养等集成功能具有独特之处,既是大学又不完全像大学,既是研究机构又不完全像科研院所,既是企业又不完全像企业,既是事业单位又不完全像事业单位,反映的是新型研究机构的文化、功能、目标、机制等与传统研发机构存在一定差异。至此我国科研机构分为以下5种情形:第一,利用财政资金设立;第二,自然人、法人和非法人组织有权设立;第三,境外组织或个人可以在中国境内依法独立设立或与中国境内的组织或个人联合设立科学技术研究开发机构;第四,国家鼓励地方围绕发展需求建设应用研究科学技术研究开发机构;第五,科研机构可以设立博士后工作站或流动站,可以依法在国外设立分支机构。形成"六路大军":一是中国科学院;二是部门科研机构,含产业部门科研机构和国防科研机构的;三是地方科研机构;四是高等学校的科研机构;五是企业科研机构;六是社会力量设立的科研机构,也称民办科研机构。

——新型研发机构加快发展阶段。2010年以后新型研发组织纷纷涌现,新型研发机构实现由个体探索到政府决策推进的转变。2010年12月,《中关村国家自主创新示范区条例》指出,支持战略科学家领衔组建新型研发机构。党的十八大提出,要全面实施创新驱动发展战略。2016年5月,《国家创新驱动发展战略纲要》提出,围绕区域性、行业性重大技术需求,实行多元化投资、多样化模式、市场化运行,发展多种形式的先进技术研发、成果转化和产业孵化机构。2016年8月,《"十三五"国家科技创新规划》提出要培育发展新型研发机构。2019年9月,《关于促进新型研发机构发展的指导意见》进一步明确了促进新型研发机构发展的意见。近年来,我国各类新型研发组织快速涌现并呈现蓬勃发展的态势，截至2020年底已经超过2000家。2021年，《中华人民共和国科学技术进步法》迎来第二次修订，新型研发机构作为一类法定创新主体写入法律，历经20多年发展的新型研发机构正式由地方探索走向全国推广。

第四节　新型研发机构的演进趋势

对新型研发机构未来发展趋势的展望，应该坚持国际与国内相结合、宏观环境与区域创新生态相结合、科技与经济社会发展相结合等多重视角观察。新型研发机构作为一种新的研发组织形式，具有资源配置市场化、运行机制灵活化、研发活动自主化、产学研用一体化、创新要素集成化、发展模式国际化等特征，并呈现出实体化、资本化、国际化等发展趋势。

一、实体化

实体化是新型研发机构发展的重要趋势之一。实体化主要体现在拥有组织实体和组织实体内的人、财、物和管理体系上。运作比较成熟，经济、社会效益都比较突出的代表性新型研发机构，大多具有雄厚的人才队伍和较强的资金实力。与之相对应的则是部分缺乏独立团队的新型研发平台，发展相对缓慢，一直未能形成研发队伍的研发机构，主要依靠将企业需求带回学校本部对接，结果就是只能收取微薄的服务费，不能形成有效积累，也不能及时满足企业需求，发展十分缓慢。以广东华中科技大学工业技术研究院、江苏省产业技术研究院为例，这两家新型研发机构普遍具有一支规模较大的独立科研队伍，其中80%以上人员都来自市场招聘，雄厚的人才队伍可以组成数个，甚至数十个团队与企业进行对接，因此这两家研发机构发展较为迅速。

二、资本化

依靠政府"输血"的平台活不好、活不长，实现"自我造血"功能才是新型研发机构未来发展的方向，而科技成果的转化收益和科技项目的投资收益，是新型研发机构的一项重要收入来源，也是新型研发机构形成可持续发展财务循环的关键业务板块,因此新型研发机构的资本化是未来发展的主要趋势之一。新型研发机构在全面对接资本市场的基础上主动"断奶",通过"投资公司+孵化器"方式推动研发项目可持续发展,形成"自我造血"能力,支撑新型研发机构的创新活动。深圳清华大学研究院院长嵇世山指出,深圳清华大学研究院的突出特点就是一开始就没有"皇粮",而是形成了一整套技术股权投资体系来孕育孵化技术项目。迄今为止,共孵化企业超过1500家,产值超过200亿元,该研究院拥有股权的企业超过150家。

三、国际化

国家主席习近平在博鳌亚洲论坛2021年年会开幕式上的视频主旨演讲指出,开放是发展进步的必由之路,也是促进疫后经济复苏的关键。要抓住新一轮科技革命和产业变革的历史机遇,大力发展数字经济,在人工智能、生物医药、现代能源等领域加强交流合作,使科技创新成果更好地造福各国人民。在经济全球化时代,开放融通是不可阻挡的历史趋势,人为"筑墙""脱钩"违背经济规律和市场规则,损人不利己。许多新型研发机构本身就是作为吸引海归科学家和科技创业者的人才载体平台而存在的。新型研发机构研发资源和研发人才配置国际化程度较高,主动惠及国际创新资源,搭建国际合作平台,这一点在电子信息、半导体、新材料等国际竞争较为激烈的关键性领域更为突出。以扬州为例,该市启动的科技合作平台就先后与美国、德国、以色列、日本、韩国等国家的科研机构建立合作关系,形成了一种开放的国际科研合作格局。

四、市场化

现代科技活动和科研机构的发展表明,以科学发现为主要特征的基础研究和以技术发明为特征的应用研究不是彼此割裂的,二者呈现密切衔接、融合发展态势。随着知识资本化的加速,以及对科技活动的实用目标或产业化、市场化目标的追求,科学活动的规范发生了根本转变。科学活动已进入了"后学院科学时代",科学知识成为一种资本,形成了"以知识为基础的经济"及在科学家中为获取外部资金而进行的市场化的"学术资本主义"。这种趋势使得对科研机构的评价标准也逐渐转向了具有市场经济特征的科研绩效,市场化也成为新型研发机构发展的主要趋势之一。除了从事市场导向的研发，新型研发机构体现市场化的另一个特征是新型研发机构在机构属性上，与传统事业单位属性的科研院所不一样的是，许多为公司性质或社会团体性质，属于市场主体或混合性的市场主体，这使得新型研发机构在促进科技成果转移转化、开展产业技术服务方面具有更高的灵活性和自主性，也有利于新型研发机构的可持续发展。

五、多元化

多主体共建，是新型研发机构的显著特征，拥有深刻的经济社会背景。随着科学探索不断深入，新的科学知识获取难度和复杂程度不断增加，很多科学问题已不是仅依靠个人探索就可以解决的，必须凝聚更广泛的力量集中攻关，而新型研发机构在聚集创新资源等方面具有较强的优势。同时，科学研究对经济社会发展的推动作用日益增强，科技创新对人们生产生活的影响日益广泛深入，政府、企业、大学、科研机构、科技团体等各类组织都将支持科技创新作为一项共同事业，倾注前所未有的资金、人力、仪器设备等资源，这也为新型研发机构的发展打下牢固的基础，新型研发机构正致力于成为创新网络的核心，并呈现出"小核心、大网络"的特征。此外，鉴于形形色色的科技创新活动具有部分的公益性、基础性、长周期、高风险等特征，也将吸引不同的创新主体踊跃加入，科技投入方式也随之变得多元、复杂，创新主体呈现多元化发展的态势。

六、多样化

当前新型研发机构呈现出多样化的发展格局，并且这种多样化还在增强。一是不同国家和地区在科技体制机制、研发重点领域、科研基础条件等方面存在较大的差异，形成了多样化的科研机构运行机制。二是不同主体创建的新型研发机构会基于自身的资源条件和能力专长进行差异化的探索，如大学、企业和政府在各自传统的管理运行机制下，互相借鉴更加有效的模式，并受到其他组织类型的影响。部分研究机构意识到管理僵化落后、研发效率低下、与市场需求脱节等问题，纷纷把竞争机制作为获得资源的主要方式，采取灵活的组合和处理方式，以企业化运作提高研究效率。随着"后学院科学"和"研发产业"的兴起，大学、政府科研机构、企业研发中心、非营利性研究机构等不同创新主体产生了功能和结构上的融合，表现为"三螺旋"模式，出现了"科研组织的公司化"和"公司的科研组织化"等新形态，也催生了以"研究与发展公司"为代表的介于传统的科研组织与企业组织之间的新型的、先导型的社会组织形式。

七、专业细分化

新型研发机构还是一个处于发展演变过程的组织，随着国家创新体系的逐步完善、科技体制机制改革逐步到位和落实、传统研发机构的改制转向、科研机构与经济社会的互动发展，新型研发机构会出现进一步的演化和分化，形成各有侧重的细分类型，找到更加精准的定位。首先，新型研发机构在领域方向上会更加聚焦细分领域，一些新型研发机构会向基础研究方向转化和定位；一些新型研发机构可能更注重对前沿技术、共性技术、关键技术的研发；一些新型研发机构可能更倾向于研究成果的开发和创新创业服务，发挥孵化和衍生企业的功能；一些新型研发机构则更加关注科技金融，以及技术要素与商业模式的结合，在孵化培育企业的过程中成为重要的创业投资机构。其次，新型研发机构在功能定位上走向分化，一部分会转化为国家战略科技力量，成为国家实验室体系的一部分，另一部分要转化为以企业或企业联盟牵头组建的完全市场化的新型研发机构。

第二章　新型研发机构的基础理论与创新成果

理论源于实践、指导实践，并在实践中得到检验、丰富和发展。理解和把握新型研发机构发展需要以不同的理论模型为指导。从功能定位来看，新型研发机构打通创新链条，是沟通科学技术与经济社会发展的桥梁，应当把科学技术与经济学说作为指导理论；从属性来看，新型研发机构是新型科研组织模式，应该把创新及创新驱动的有关理论作为指导。从创新主体来看，新型研发机构涉及多元创新主体的参与和协同，应该把三螺旋理论和协同创新理论作为指导；从创新环境来看，新型研发机构是在一定创新环境下具备多种功能的创新生态体系，国家创新系统理论、区域创新系统、创新生态系统理论可以作为指导；从创新过程来看，新型研发机构涉及基础研究、应用基础研究、技术开发、成果转化及产业化的创新环节和过程，因此又用到了线性模型和巴斯德象限等理论。同时，在新型研发机构发展实践中，也产生了"四不像"、"三发联动"、微创新生态等创新成果，较好地总结了新型研发机构的特征和规律，也丰富发展了科技创新理论体系。

第一节　科学、技术与经济学说

随着科技创新实践的发展，人们对科技创新的规律性认识与时俱进，对科学、技术与经济关系的认识也在不断深化，并逐渐形成并丰富了科技创新理论体系。新型研发机构不仅是一个科技创新的范畴，而且是科技创新与经济社会发展相融合的范畴，因此新型研发机构适用于科学、技术与经济的分析研究框架。本节重点研究科学与技术的内涵和特征，以及科学、技术与经济之间关系，为研究新型研发机构提供理论基础。

一、科学与技术的内涵和特征

（一）科学的内涵与特征

《现代汉语词典》将"科学"定义为反映自然、社会、思维等的客观规律的分科的知识体系。《辞海》将"科学"解释为运用范畴、定理、定律等思维形式反映现实世界各种现象的本质和规律的知识体系。苏联《大百科全书》将"科学"解释为人类活动的一个范畴，它的职能是总结关于客观世界的知识并使之系统化。科学本身不仅包括获得新知识的活动，而且包括这个活动的结果。综合来看，科学表示人类对客观存在及其规律正确认知的知识，也可以形象理解为客观存在及其变化的规律，经过意识的思考整理，准确表述为知识，而这样的知识可以被他人学习和掌握，并可以按其表述的条件验证其表述结果的正确性。科学具有客观性、验证性、传承性、局限性等特征。

（二）技术的内涵与特征

自人类社会发端，技术就与人类息息相关。1615年，英国巴克爵士创造了"technology"一词，表示技术原理和过程。18世纪末，法国科学家德尼·狄德罗认为，技术是为达到某一目的而共同协作组成的各种工具和规则体系。该定义说明：技术是"有目的"的，通过"社会协作"实现，是成套的知识系统，既表现为生产工具、设备等硬件，又表现为规则，即生产使用的工艺、方法、制度等知识或软件。因此，技术可以理解为解决生产和生活中实际问题的各种物质手段和由经验、技能、知识、方法等要素构成的有机系统。技术具有中介性、自然属性、社会属性等特征。

二、科学、技术与经济之间关系

（一）科学与技术的关系

从历史上看，科学与技术的关系发展大约经历了3个阶段：科学和技术分离阶段（原始时期到中世纪）、科学与技术联结阶段（近现代）、科学与技术界限日益模糊阶段（当代）。科学与技术分离阶段：人类在漫长的生产过程中提炼出技术，然后在改进技术的过程中产生科学。科学与技术联结阶段：

科学与技术开始融合，科学促进技术，技术带动科学研究。科学与技术界限日益模糊阶段：二者在很大程度上已经融为一体，既不是传统的生产—技术—科学模式，也不是科学—技术—生产模式，而是科学、技术与生产三者正负双向联系的完整体系，科学中有技术，技术中有科学，科学与技术完美结合，科学技术转化为现实生产力的周期越来越短。

科学知识向技术成果转化的主要途径：一是通过教育提高劳动者素质、改善劳动者知识结构；二是在科学理论基础上开展应用研究，生产出样机模型，通过中间试验开发、完善生产设备与工艺，试验成功的技术最终在生产中得到推广应用。技术对科学的作用主要体现在：一是先进的技术为科学提供更加精细的实验材料和更精良的实验设备；二是技术作为科学理论在生产中的应用，可以作为检验科学理论的依据和标准，为新理论的产生提供材料和数据；三是技术进步对生产者的科学素质提出更高的要求，技术人员在实践的基础上得到科学理论的提升，可能成为科学家的后备军。

科学与技术相互联系、相互作用并互动发展。首先，科学依赖技术。科学的发展需要技术的不断推动，即技术是科学发展的动力，为科学发展提供经验材料和认识课题。科学的"成立"要经过技术的检验，即技术是检验科学理论是否正确的基本途径和主要手段。科学的发展要靠技术提供物质手段，特别是科学实验和仪器设备都需要技术发展来提供。其次，技术也依赖科学。技术的形成要有科学根据，科学为技术提供理论基础，指明发展方向，甚至具体道路。最后，科学和技术相互促进。科学和技术的发展是不平衡的，技术有时走在科学前面，推动科学的发展。科学有时也走在技术前面，带动技术的发展。"科学—技术—生产"一体化的社会实践中，科学与技术相互渗透、相互交织且融为一体。正因为如此，人们对于"科学技术"这个词汇已经习以为常。

科学与技术存在明显区别。"科学技术是第一生产力"，但并不意味着科学就是直接的生产力，也不意味着科学就是技术。科学要转化为技术、科学技术要成为第一生产力，还有一个复杂的实现过程，即由一个知识形态的生产力到物质形态的生产力的转化过程。这个过程就是科学技术怎样在物质生产中获得应用的问题，即科学向技术的转化问题。广义地讲，它包括"科学革命—技术革命—产业革命—生产技术革新"阶段，以及"基础研究—应用研究—开发研究—社会生产"各个环节中的一切变化和转化。

（二）科技与经济的关系

科技与经济相互联系、相互影响、相互制约。人们的经济生产活动对技术生产提出迫切的需求，技术生产为科学理论生产提供设备手段和需求压力，使得科学、技术、经济的发展，在互相促进、互相影响、互相制约的社会过程中不断加速。

人们的经济生产活动是科技发展的基本动因和源泉，也制约着科技的发展。一方面，人们经济活动的社会需要促进了科技的发展，促使人们对自然规律的认识迅速转变为广泛的社会活动、转变为直接生产力；另一方面，科技的发展状况也制约和影响经济生产活动，通过科学理论转化为技术及技术发明，再转化为生产，构成科学理论对技术、技术对经济发展的巨大促进作用。

经济发展离不开科技进步。发展经济的需要对技术进步提出需求，而科技系统通过技术创新满足这种需求，这种目的的明确性和解决问题的直接性使科技与经济有机地结合在一起。1953—1973年美国对主要技术革新来源进行的调查结果显示，美国技术领域中80%的新思想来源于企业，其中3/4来自生产部门；来自政府科研机构和大学的不到5%。对欧洲的有关研究也得出类似的结论，70%的革新思想来自企业内部。

经济发展可以促进科技进步。经济发展可以培育、吸引、供养更多的科学家，扩大技术创新主体队伍和激发科技人员主观能动性。雄厚的经济实力可以增加研发投入，为科学研究提供更多的资金，购买更多更精良的实验设备和材料等。充足的外汇也可以增加技术贸易，引进更多技术，在经过消化、创新之后提高本国的技术水平。以技术为媒介，经济直接促进技术改善，技术再作用于科学，最终实现科学的发展。

（三）科学、技术与经济三者之间关系

科技与经济是现代社会的两大重要支柱。从系统的观点看，经济是大系统，科技是经济系统的子系统，二者相辅相成，互为因果。

科学进步依赖于物质形态的生产和技术。第一，推动科学进步的根本动力始终是生产、技术和社会的需要。印度科学家S.古普达在《现代科学、技术和社会》中写道："如果社会一旦需要某种技术，那么这种事实就能促使科学大大地向前发展，即便是在10个大实验室里开展的研究工作，也未必能产生这样的动力。"他从研究现代科学技术的发展中得出的结论，只不过是重复了100年前恩格斯早已说过的类似的话。第二，现代科学的发展依靠先

进的实验技术和设备，而技术设备的制造和应用，又离不开强大的产业基础。第三，科学只有在具备相应的技术和生产条件下，才能转化为直接生产力，才能对经济发展起巨大的作用，也才能更好地发展自己。

科技与经济相互联系、相互影响、相互制约。第一，科技对经济社会发展产生巨大影响。科学理论转化为技术，技术发明转化为生产，构成科学理论对技术生产、技术生产对经济发展的巨大促进作用。科技的新进展不仅使生产方式发生根本性变化，而且对社会进步产生巨大影响。第二，经济生产活动对技术生产提出迫切的需求，技术生产对科学理论生产提供设备手段并使其面对需求压力，使得科学、技术、经济的发展在互相促进、互相影响、互相制约中不断加速。一方面，科学理论的发展与技术生产是互相促进的，即科学理论不断转化为技术，技术反过来对科学提出需要，并提供研究手段。另一方面，经济生产活动是科技发展的基本动因和源泉。人们经济活动的社会需要促进了科技的发展，促使人们对自然规律的认识迅速转变为一种广泛的社会活动，从而转变为一种直接的生产力。第三，经济的繁荣为科技的发展创造有利条件，经济发展水平和条件也成为科技发展的限制性框架，人们不可能脱离当时的经济发展状况开展科技研究，要根据经济发展水平和阶段确定科研方向和重点。因此，科技与经济的关系不仅表现在科技工作必须为经济建设服务，同经济发展相适应，还表现在科技工作本身必须遵循经济规律、价值规律，否则再好的科学发现和技术发明也无法转化为社会生产力，"科学技术是生产力"就只能是一句空话。因此，必须研究科技发展规律和经济规律的相互关系和相互作用，从而使科技为经济发展服务。

第二节 新型研发机构的指导理论

新型研发机构是国家创新体系中具有时代特征的新型创新主体，在创新生态背景下存在和发展，与其他创新主体的互动中发挥作用。因此，必须系统梳理相关创新理论，使其作为新型研发机构的指导理论。研究新型研发机构需要系统运用创新基础理论、创新主体理论、创新范式理论、创新系统理论、创新生态系统理论等。

一、创新基础理论

最早在经济上使用创新概念的熊彼特认为,经济体系本身存在着一种既破坏均衡又恢复均衡的力量,这种力量源自创新活动,这种创新活动推动着经济的发展。他所说的创新活动是指"执行新的组合",即在生产体系内部建立一种新的生产函数,引入并执行一种从未有过的生产要素和条件的"新的组合"。这种新的组合包括以下5种情况:①引入新产品或改进产品质量;②采用新的生产方法;③开辟新市场;④获得一种原材料或半成品作为新的供给来源;⑤实行企业的新组织。这5种情况分别对应产品创新、工业创新、商业模式创新、原料创新和组织创新。熊彼特创新理论的重大贡献之一,就是把发明创造和技术创新区别开来。前者是知识创造,即新概念、新设想或新工具、新方法的发现;后者是新工具、新方法、新渠道的应用,即商业化、市场化和产业化的经济行为。由此,创新就不仅是一个技术或科学的概念,还是一个经济的范畴,抑或是一个二者相结合的范畴。他的这种观点得到后来学者的认同和发展。美国经济学家曼斯菲尔德(E. Mansfield)认为,创新就是一项发明的首次应用。厄特巴克(J. M. Utterback)也指出,与发明或技术样品相区别,创新就是技术的首次采用或应用。经济合作与发展组织(OECD)在1988年的《科技政策概要》中也认为,创新就是发明被首次商业化应用。

自从熊彼特提出创新理论以来,随着经济社会发展和科技进步,创新的应用领域和外延得到拓展,内涵也不断丰富。创新研究可以区分为以索洛(R. M. Solow)为代表的技术创新学派和以诺斯(D. North)为代表的制度创新学派两个基本分支。前者主要从技术变革、创新、扩散的角度对技术创新进行深入研究;后者把制度变迁与技术创新结合起来,通过研究制度变迁、技术创新和经济绩效之间的关系,强调制度框架安排对技术创新和经济发展的重要作用。20世纪80—90年代,以英国的克里斯托弗·弗里曼(Freeman C, 1987)和美国的纳尔逊(Nelson, 1993)为代表的学者综合了技术创新和制度创新理论,提出了国家创新系统(National Innovation System)。国家创新系统理论形成了微观学派和宏观学派:以弗里曼和纳尔逊为代表的国家创新系统宏观学派的学者站在国家层面,将国家因素、制度和文化等因素与技术创新相结合,从制度设计角度考察国家创新系统的结构、性质和功能;以伦德维尔（B. A. Lundvall）为代表的微观学派从微观层面研究了企业、大学、科研院所等创新主体之间的互动关系。在此基础上，波特在《国家竞争优势》一书中考察了国家创新系统的微观机制和宏观绩效之间的联系。回顾创新理论的发展演进过程，可以看到以下几点：

第一，从熊彼特关于创新定义和新经济增长理论出发，创新是一个经济技术范畴，本质是将科学发现和技术发明的创新成果首次应用于生产体系，实现其市场价值、经济价值。科学发现、技术发明和市场应用之间是一种复杂的对立统一、协同演进的关系，可以称之为"三螺旋结构"。创新具有市场性、系统性、创新收益的非独占性、创新过程的不确定性等特征，其实质是从长远和动态的角度寻求实现资源配置的最优化，从而实现经济持续、均衡、健康发展。创新是指人们在社会实践过程中通过研究发现了关于自然、社会和人本身，以及它们之间相互作用的新过程、新本质和新规律，以及运用这种新的认识发明了新的技术，首创了新的实践方法，创造出了新的事物等。

第二，创新的外延和内涵不断丰富和拓展。经济学意义上的创新不再局限于技术创新，其内涵和外延更加宽泛。跨界、跨行业的创新，使得创新更具综合性。从不同的研究视角出发，可以将创新划分为不同类别：从创新功能看，广义的创新泛指科技创新、制度创新、组织创新、管理创新、商业模式创新等。如果将科技创新以外所有能够导致创新的因素统统归到制度范畴，那么创新可以分为科技创新和制度创新两类，前者居于核心地位。英国学者弗里曼根据创新行为的性质，将创新分为渐进式创新、实质性创新、技术系统的改变与技术—经济范式的革命；按创新系统的范围大小，将其分为企业创新、集群创新、区域创新、国家创新等。

第三，科学与技术日趋融合。科学与技术之间形成了相互作用、相互结合、相互渗透、相互转化的新关系科学发现，其在生产上的应用几乎同时进行，体现知识创新和技术创新的密切衔接和融合，是技术进步路径的革命性变化。

第四，创新行为模式不断发展演进。技术创新研究经历了从线性范式向网络范式的转变。区域创新系统、国家创新系统、集群创新体系等创新理论的提出就是这种网络范式思想的具体体现，成为技术创新研究的新视角。技术创新的线性模式认为，科学研究是技术创新的起点，增加科研投入会产生技术创新，带来新技术的增加，可以概括为"发明—开发—设计—中试—生产—

销售"。网络范式的研究领域从单个企业内部扩展到具有经济联系的企业之间及外部大环境，涉及的技术创新主体更多，包括企业、大学、科研院所、中介组织、政府部门等。创新来源也更多，如市场信息、企业间的交流、企业与用户的互动等。

二、创新主体理论

伴随着新兴产业大量涌现，学者们开始关注基础研究与产业创新、经济发展之间的联系，学术界、产业界、政府三者之间的结合问题，成为创新系统无法绕开的关键难题。知识的生产、扩散和应用将越来越多的组织和机构关联在一起，创新系统呈现出多主体复合、动态集成等复杂特性。三螺旋理论强调在创新过程中，大学、产业和政府3个主体通过相互之间的交叉及相互作用，构成了创新的协同模式，三条螺线互动交叉，螺旋上升，成为推动创新过程螺旋式前进的动力。

三螺旋理论由美国学者亨利·埃兹科维茨（Henry Etzkowitz）和荷兰学者罗伊特·雷德斯多夫（Loet Leydesdorff）创立。该理论从知识经济背景出发，通过组织和个体层面的多重分析提出，国家技术创新体系中的大学、政府和企业通过相互协作，以及组织结构性的安排、制度性的设计等，加强资源分享与信息沟通，使成本投入更加有效，加快了创新步伐，构建起三螺旋的交互式新模式。在这一结构中，产业既是用户又是创新主体，对螺旋提供引力，大学则通过创造知识和技术转移为螺旋提供推力，政府通过宏观调节和资源配置将两种力结合起来，共同促进创新和经济发展，最终形成产业可持续发展的美好图景。三螺旋理论对政府主体的引入，有利于我们跳出产学研协同创新活动实施主体本身的圈子，进入政府、社会等更广泛、宏观的视阈，从整个国家创新体系的高度，思考如何通过政府、社会及产学联盟本身的积极作用，构建起使产学研协同创新系统高效运转的重要机制。三螺旋模型使技术创新的象牙塔模式向创业型范式不断进化。

三、创新范式理论

（一）布什线性模型

1945年，万尼瓦尔·布什在《科学：无止境的前沿》中提出了科学研究领域基础研究与应用研究二分法，认为前者以产生具有普遍意义的纯粹知识和对自然及其规律的阐释为目标，而后者以创造和研制新产品、新技术等具体应用为目标。基础研究是科技进步的先驱，是研究的源点，后续环节总是依赖于前项环节的研究，进而提出了"科学发现向技术创新的单向流动"的观点。在此基础上形成科技研发活动的线性模型，遵照"基础研究—应用研究—技术开发—生产经营"的活动路径，最终沿着线性路径实现产业应用转化，由此奠定了第二次世界大战后美国科技体制的理论基础（图2-1）。

基础研究 ⇨ 应用研究 ⇨ 技术开发 ⇨ 生产经营

图2-1 研发线性模型

布什范式揭示了科学与技术间关系的新特征，突破了西方科学的传统框架，推动了科学哲学的丰富和发展，对西方科学传统和科学实践产生了巨大影响，但也存在固有缺陷。首先，布什线性模型过分强调基础研究的重要性，而忽视基础研究与应用研究的交互作用，基础科学成果固然为技术创新提供了动力，但技术应用也能引发和促进基础研究的发展。随着科学研究与技术创新发展，基础研究与技术创新的关系呈现越来越明显的双向互动、复杂性、动态性、系统性等特征。其次，布什范式强调基础研究与应用研究的分离，弱化了国家发展战略目标与科学目标的一致性。因此，将基础研究与应用研究割裂开来，单向度的科学研究模式是不全面的。

（二）巴斯德象限模型

随着科学研究与技术创新发展，科学与技术间的互动并非单向地从科学发现到技术创新，基础研究与技术创新的关系呈现双向互动、复杂性、动态性、系统性等特征。不断涌现的实例也表明，许多重大技术的突破和产业兴起并不直接源于基础研究，布什关于研究活动的线性模型有待发展。20世纪末期，美国普林斯顿大学的D. E. 司托克斯在《巴斯德象限：基础科学与技术创新》中提出科学研究象限模型，进一步阐述了科学与技术、基础研究与应用研究间关系演变的新内涵。

司托克斯基于巴斯德微生物研究的案例，根据科学研究的基本认识属性或实际应用属性，将布什的一维线性模型拓展为二维象限模型（图2-2）。第Ⅰ象限代表由纯粹好奇心驱动的纯基础研究，如玻尔等原子物理学家对原子结构的探索，被称为玻尔象限；第Ⅱ象限代表应用激发的基础研究，如巴斯德对发酵开展的研究，解决了甜菜制酒的现实问题，并实现了对微生物研究的突破，被称为巴斯德象限；第Ⅲ象限代表追求应用目标而不探究基本理论的产业化应用研究，如爱迪生进行的技术发明，在社会生活中应用广泛，但对科学理论没有太多贡献，被称为爱迪生象限；第Ⅳ象限代表既不考虑发展基本认识，也没有明确的应用目的，对某些特殊现象进行系统性研究的技能训练与经验整理，如昆虫标记研究等，被称为皮特森象限。

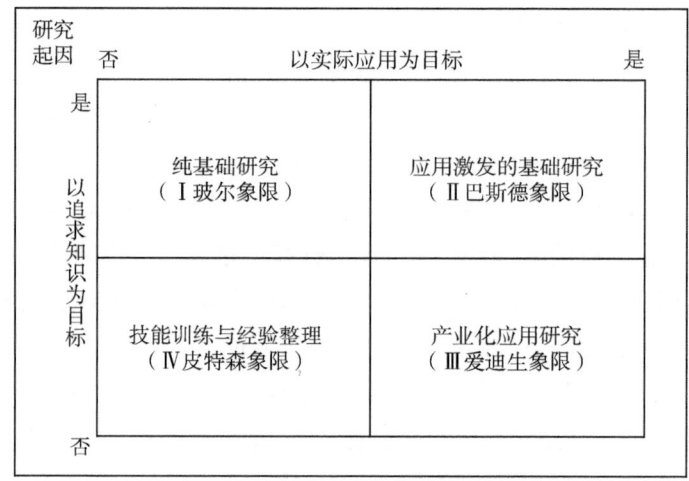

图 2-2 司托克斯的二维象限模型

司托克斯的二维象限模型比布什的线性模型更准确地反映了科学研究的内在规律，为解释基础研究与技术创新的关系提供了新范式。巴斯德象限表明，基础研究与应用研究之间并不是矛盾的对立关系，通过认识目标和应用目标的结合，可以使基础研究与应用研究在某种程度上达成一致。

在此模型指导下，从事基础研究的大学与从事产业化的企业通过合作消除了基础研究、应用研究、技术开发、产业发展之间的界限，各类不同于布什范式下的应用研究与基础研究相融合的科研机构也应运而生。

科研机构创新活动引入巴斯德象限，具有以下理论意义：①打破了基础研究与应用研究传统二分法模式，使二者不再对立，而二者在某种程度上的统一与融合，为科学与技术之间的互动融合带来更多可能；②提供了新的科学认识空间，科学与技术之间存在动态关联，且知识发现和知识应用可以并存于同一科研活动过程中；③突破线性模式的局限，提供更多创新路径选择。科研机构不再局限于基础研究到应用研究的线性扩散模式，还包括基础研究与应用研究交叉结合的创新模式，以及由应用引起的基础研究所带来的科学发现与技术创新双赢创新模式（图2-3）。

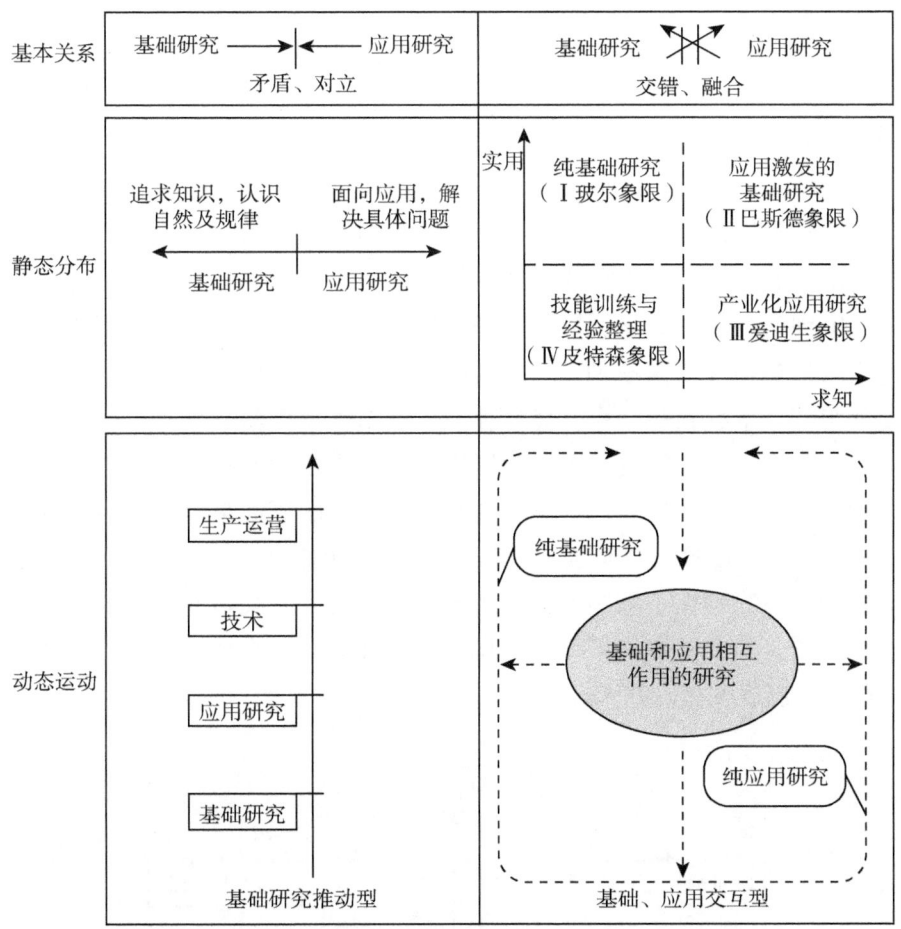

图2-3 科研活动中的布什线性模型和巴斯德象限模型

布什线性模型和巴斯德象限各有其应用的领域和范围。中国科学院深圳先进技术研究院在智能机器人领域践行了从基础研究到应用研究，再到产业开发运用的线性模型，推动建立"头雁引领群雁飞"的产业生态，实现产业集群化发展。瞄准解决"看病难、看病贵"问题和打破高端医疗设备"洋品牌"

垄断格局的需求导向,在低成本健康和生物医学工程领域实现了巴斯德象限,建立了"需求方出题、科技界答题"新机制,形成各创新主体相互协同的高效强大的共性技术供给体系。

四、创新系统理论

传统意义上,创新被理解为一种线性模式。事实上,创新是多要素整合、多主体协同、多环节衔接的复杂系统,将这种系统观念应用到国家和社会层面,理论上就形成了创新系统理论。

自20世纪80年代以来,创新系统概念被提出并逐渐发展为分析创新活动的理论与方法,英国经济学家弗里曼、美国经济学家纳尔逊和丹麦伦德维尔共同促成了国家创新系统理论的诞生。

国家创新系统宏观学派以弗里曼和纳尔逊为代表,他们站在国家层面,从制度设计视角考察国家创新系统的结构、性质和功能,将国家、制度、文化等因素与技术创新相结合。弗里曼最先提出国家创新系统概念,他研究了日本的技术进步和经济发展,认为国家间的技术赶超不仅与技术创新有关,还是制度、组织管理创新综合作用的结果。一个国家如果要实现经济赶超,必须将技术创新与政府职能结合起来,形成国家创新系统(图2-4)。纳尔逊把国家创新系统看作一种制度,制度的设计和功能是决定创新系统效率的关键。1993年,纳尔逊出版了著作《国家创新体系:一个比较分析》,建立了将一国创新制度安排与技术经济绩效相联系的分析框架。

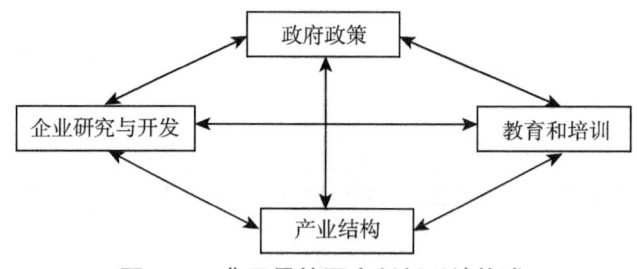

图2-4 费里曼的国家创新系统构成

国家创新系统微观学派以伦德维尔等人为代表,他们从国家创新系统组成要素的微观角度探讨企业、大学、科研机构等创新行为主体之间的相互关系,主要是用户与企业间的相互作用和关系。伦德维尔的国家创新系统结构如图2-5所示。

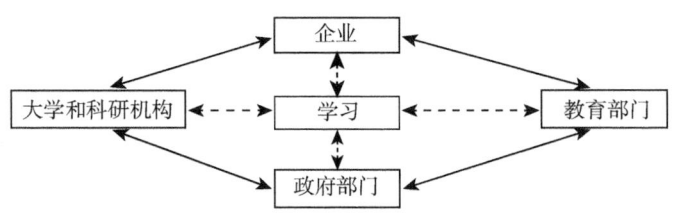

图 2-5　伦德维尔的国家创新系统结构

国家创新系统综合派以波特为代表，他在经济全球化背景下考察国家创新系统，同时把微观机制和宏观运行绩效联系起来。相较于纳尔逊更多考虑国家因素和制度因素，波特更多考虑了企业的因素。在《国家竞争优势》(1990)中，他从单个企业的竞争优势、竞争战略及其价值链分析，逐步扩展到产业，乃至国家层面上的竞争优势，提出了国家竞争优势的钻石结构理论分析框架（图2-6）。他将产业集群的观念引入到国家创新系统理论中，论证了产业集群是国家竞争优势的重要来源。

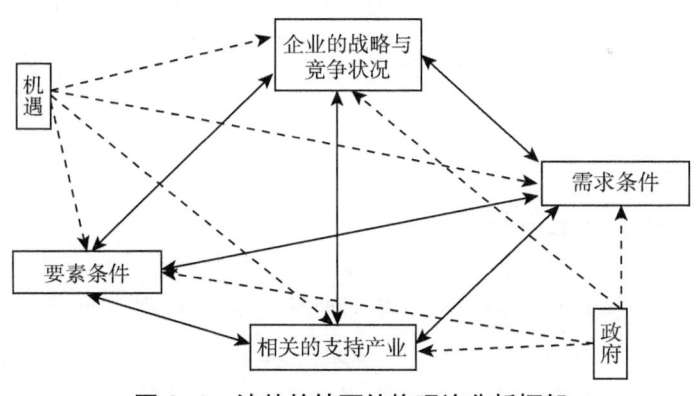

图 2-6　波特的钻石结构理论分析框架

OECD运用国家创新系统理论进行国家创新绩效的评价，提出将人、企业、机构之间技术和信息的流动性作为创新系统研究和创新绩效评估的要素，聚焦整个创新系统内部的联系和互动网络，从企业间互动、企业/高效/公共研究机构间互动、知识/技术向企业扩散、人员流动4个方面对国家系统创新绩效进行评估。OECD 的国家创新系统结构如图 2-7 所示。

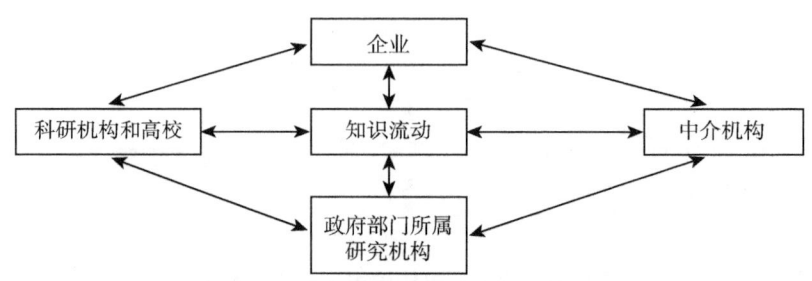

图 2-7　OECD 的国家创新系统结构

随着国家创新系统理论应用范围不断拓展，出现了区域、产业、技术创新系统等理论概念。区域创新系统是随着产业和创新在地域上的集聚效应而提出，较好地解释了 20 世纪 90 年代以来经济全球化中研发、生产要素和市场的跨国界流动，成为研究区域经济绩效的主要理论。Cooke 于 1992 年提出，区域创新系统是在经济全球化、创新活动跨国界和区域合作的背景下，为实现创新目标，一定区域内各机构通过要素的流动，实现创新绩效的集成系统。产业创新系统是生产同一类用途产品的主体进行市场或非市场的活动，通过输入、学习、扩散和使用技术，实现产品的创造、生产和商业化过程的集成系统，是围绕技术支撑的特定领域产品、市场所形成的产业系统而提出的理论概念。与之类似的还有针对多行业、产业中共性技术及技术应用系统化概念的技术创新系统。

五、创新生态系统理论

创新生态系统理论是以生态学的理念来考察、审视、研究创新系统而形成的理论体系。20 世纪 90 年代，特别是进入 21 世纪以后，在对创新系统理论和实践进行反思之后，创新的研究者和实践者们开始将生态理念引入创新系统，创新生态理念由此萌芽。2004 年 12 月，美国竞争力委员会在《创新美国：在挑战和变革的世界中实现繁荣》的研究报告中，首次明确提出了创新生态系统的概念，强调"最好不要把创新视为一个线性或机械的过程，而要把它看作一个生态系统。在这个生态系统中，我们经济和社会的诸多方面之间存在连续不断的、多方面的相互作用"。从此，创新生态系统理论迅速在全球得到普及和应用,并由此引起学界的广泛关注。

虽然目前对于创新生态系统尚未形成统一的界定,但是学者们基本上认同创新生态系统理念是对创新系统的理论思想进行扬弃,且吸收生态学理论和演化经济学的主体观点而形成的理论体系,是创新理论深化发展的最新成果。与创新系统相比,创新生态系统更加突出创新主体要素之间的互动性和创新主体要素对外部创新环境的紧密依赖性,它把创新看作一个内容更加丰富、联系更加紧密、结构更加复杂、整体愈加优化的,复杂的、开放的自组织系统。创新生态系统研究从以往的关注要素构成和资源配置的静态结构分析,演变为强调各创新主体之间作用机制的动态演化分析。创新生态系统具有多样性共生、自组织演化、开放式协同等特征。创新生态系统模式是以创新系统模型为基础,加上生态学视角和特征构建起来的,即要素和主体的构成与国家创新系统基本一致。虽然不同研究机构和学者给出的创新生态系统模型都存在差异,但关于科研机构、人才、企业、政府、中介机构、制度等的关键主体要素已形成共识。创新生态系统模型划分为 7 个子体系,即知识创新体系、产业创新体系、技术转移转化体系、创业孵化体系,要素供给体系、环境支撑体系和开放创新体系。创新生态系统的核心流程是创新的发生、扩散和实现的过程。

第三节 新型研发机构的概念及内涵

本节系统研究了新型研发机构的概念及内涵、基本特征、理论成果、功能作用、主要分类、评价考核,以及与国家创新体系其他主体的关系。

一、新型研发机构的概念及内涵

新型研发机构是伴随着战略性新兴产业培育、传统产业转型升级与经济结构调整应运而生的新生事物,是致力于产业共性技术研发和成果转化的新型研发组织。目前,关于新型研发机构的概念及内涵来源以媒体报道居多,理论研究偏少,无论是学界还是政策实操,对新型研发机构的概念仍存在争议,界定尚无明确标准。学者和社会对新型研发机构的术语应用也并不统一,目前常用的有产业技术研究院、工业技术研究院、新型研发（科研）机构等。新型研发机构并不是一个严格的学术概念，而是一个具有很强的应用和政策导向的分析性概念。完整、准确地理解新型研发机构需要从学术研究和应用分析两个层面进行梳理。

从学术研究层面看，孙正心等学者认为新型研发机构是以科技研发为主业，承接政府、机构或企业委托研发项目，并向社会转让不同阶段的科技研发成果，形成具备特有盈利模式与财务平衡机制的研究型、企业化的法人机构。苟尤钊认为新型研发机构将研究成果的应用、产业化和商业化作为主要目的。吴卫等学者指出新型研发机构是科技研发组织与社会经济密切结合而演化产生的崭新形态，在创新价值链上发挥桥梁作用。陈雪等学者认为新型研发机构是"亦企亦研"的创新组织，比企业内设研发部门对专业技术的理解更宽阔，比传统科研机构对市场商机捕捉更敏感，对应用技术研发更接地气。曾国屏和林菲认为，新型研发机构是从事科学技术的研究和开发，以研究成果的应用、产业化和商业化为目的，直接以衍生、创造新企业或新产业为导向的机构。他们还阐明了新型研发机构围绕科学发现、技术发明、产业发展"三发联动"的功能定位和采用"科技＋产业＋资本＋教育"四位一体的发展模式。龙云凤认为，新型研发机构本质上是一种新型科研组织形式，由多元化的资源投资建设，运营机制多样，注重成果转化应用，通过源头技术研发创新，带动行业发展。

从应用分析层面看，2010年，新型研发机构一词首次出现在官方文件中。2019年9月科技部发布《关于促进新型研发机构发展的指导意见》，这是国家层面第一次系统性关于新型研发机构的政策，其中对新型研发机构进行了定义：新型研发机构是聚焦科技创新需求，主要从事科学研究、技术创新和研发服务，投资主体多元化、管理制度现代化、运行机制市场化、用人机制灵活的独立法人机构，可依法注册为科技类民办非企业单位（社会服务机构）、事业单位和企业。各地政府也对新型研发机构的内涵进行界定，并制定出台了一系列认定办法和扶持政策。广州市印发的《广州市人民政府办公厅关于促进新型研发机构建设发展的意见》将新型研发机构定义为多种主体投资、多样化模式组建、市场需求为导向、企业化模式运作，充分运用国内外企业、高校、科研院所等在资金、技术、人才方面的优势，促进产业链、创新链、资金链衔接，主要从事科学研究、技术研发、成果转化等活动，具有职能定位综合化、研发模式集成化、运营模式柔性化等特征,独立核算、自主经营、自负盈亏、可持续发展的法人组织。苏州市印发的《苏州市支持新型研发机构建设实施细则(试行)》将新型研发机构定义为以多种主体投资、多样化模式组建、市场需求为导向、企业化模式运作的独立法人组织,主要从事科学研究与技术研发,并开展成果转移转化、创业孵化、投融资等科技服务活动。北京市印发的《北京市支持建设世界一流新型研发机构实施办法(试行)》将新型研发机构定义为由战略性科技创新领军人才领衔,采取与国际接轨的治理模式和运行机制,协同多方资源,从事基础前沿研究、共性关键技术研发的事业单位或科技类民办非企业单位(社会服务机构)。上海市印发的《关于促进新型研发机构创新发展的若干规定(试行)》将新型研发机构定义为有别于传统科研事业单位,具备灵活开放的体制机制,运行机制高效、管理制度健全、用人机制灵活的独立法人机构,包括科技类社会组织、研发服务类企业、实行新型运行机制的科研事业单位。

新型研发机构的建设者、探索者、研究者也对新型研发机构进行了定义。毛维倩在《创新没有"窘境":新型研发机构究竟"新"在哪儿》一文中将新型研发机构定义为投资主体多元化、建设模式国际化、运行机制市场化、管理制度现代化,具有可持续发展能力,"产学研"协同创新的独立法人组织。长城战略在《新时代的新型研发机构》报告中将新型研发机构定义为围绕区域主导产业的技术创新需求,能够实现多元化投资、国际化建设、市场化运行和现代化管理的,具有可持续发展能力的独立法人组织。还有人认为,新型研发机构有别于传统国有科研机构,是以多主体的方式投资,多样化的模式组建,企业化的机制运作,以市场需求为导向,主要从事研发及相关活动,投管分离、独立核算、自负盈亏的新型发展组织,活动范围覆盖了基础应用研究、实验发展、成果转化、技术服务、企业孵化、产业投资等创新链的各个环节。还有研究学者认为新型研发机构有别于传统研发机构,以产业需求为导向进行市场化运作,有效贯通基础应用研究、技术产品开发、工程化和产业化的科技研发创新组织。

新型研发机构是以需求为导向的全创新链科研组织模式,是整合各种主体和资源的微创新生态系统,是关键共性技术重要的供给者。新型研发机构聚焦产业应用,面向科技前沿,整合资源要素,打通创新链条,是从事科技研发创新活动的新型组织模式,具有主体多元协同、功能复合叠加、要素高效配置、活动融通发展的特征。本书综合研究科技部和各地关于新型研发机构的定义认为,新型研发机构是科技组织与社会经济密切结合而演化出的新型科研组织形态,是聚焦科技创新需求,通过整合创新资源,打通创新链条,主要从事科学研究、技术创新、产业培育和研发服务,投资主体多元化、管理制度现代化、运行机制市场化、用人机制灵活,具有可持续发展能力的独立法人机构,可依法注册为科技类民办非企业单位(社会服务机构)、事业单位和企业。

其中,"科技组织与社会经济密切结合而演化出的新型科研组织形态"和"独立法人机构"是新型研发机构的组织定性。前者是从科技与经济社会关系角度对新型研发机构定性,跳出了就科技讲科技的狭窄范畴。后者是从法律地位上对新型研发机构进行定性,意味着新型研发机构投管分离、自主经营、自负盈亏。

"聚焦科技创新需求"指出新型研发机构的发展导向,即新型研发机构必须坚持"四个面向",坚持需求导向、市场导向、应用导向和发展导向。

"整合创新资源,打通创新链条"指明新型研发机构的发展路径,即新型研发机构要把科技、人才、资本、产业各种要素资源整合起来,打通科技研发、技术发明、产业发展的链条,形成基础研究—应用研究—技术开发—成果转化—育成孵化—产业发展的全创新链条的产业技术生态。

"科学研究、技术创新、产业培育和研发服务"是新型研发机构的功能定位,新型研发机构是沟通科学与产业的桥梁,应该把基于需求的应用导向的基础研究、竞争前技术或关键共性技术开发作为重点,把落脚点放在服务企业创新、实体经济发展和产业转型升级上。

"投资主体多元化"是指公共部门与私人单位或个人的共同参与、共同组建、共同负责新型研发机构。在投资主体方面,各级政府、法人、自然人、非法人组织均可成为新型研发机构的投资主体;在投资形式方面,投资主体可以以有形或无形资产进行投资,也可以是资源倾斜支持、人员参与管理、双方深度合作等实质性的参与行为;在投资权责方面,通过对新型研发机构的投资,取得参与管理、共同决策的权利,并对新型研发机构的发展承担法定责任。只有多种主体和多种类型的资金来源共同建设新型研发机构,才能突破原有体制机制的正当性(对传统事业单位、企业、民办非企业的突破),

进行新型探索。

"管理制度现代化"可以理解为与机构发展规律、科研规律相适应的现代院所制度，包含治理结构、决策机制、人员管理、投融资、项目管理等内容，最终指向法人治理结构和法人制度，不仅包含事业单位现代院所制度改革，还包含企业去营利化、民办非企业完善内控制度、内设机构独立运营等改革。一方面国家引导各类新型研发机构，特别是事业单位类、民办非企业类新型研发机构完善章程式管理、院（所）长负责、董（理）事会决策的治理架构；另一方面鼓励新型研发机构勇于探索，突破原有体制机制的束缚。鼓励新型研发机构围绕数字化发展，以及跨区域、跨领域发展趋势，进一步探索虚拟化、网络化的组织形式。

"运行机制市场化"主要是指新型研发机构投入、产出、收益、分配按照企业模式面向市场运作，实现"独立核算、自主经营、自负盈亏、可持续发展"。由于新型研发机构的功能定位和公私合作的组织性质，新型研发机构不能等同于以利润和经济效益最大化为目标的企业，需要在面向市场和公共服务之间寻求平衡，既要做到市场有限盈利，又要满足"自我造血"和"自我循环"。这就要求新型研发机构要实现研发与经济的有机结合，以知识和技术作为主要产品，向市场寻求资源、向企业提供服务，逐步实现"非营利性"与"自我造血"功能平衡。在面向市场需求开展科研工作与服务的同时，兼顾科研的公益性、战略性和长期性。"非营利性"针对企业类新型研发机构，防止过度追求经济效益，或者以研发机构的名义套取国家财政支持从事市场竞争活动，干扰市场正常竞争秩序。"自我造血"主要针对事业单位类、民办非企业类新型研发机构，本质上要求这两类新型研发机构逐步形成"自负盈亏、可持续发展"的能力，将财政拨款和财产捐赠作为机构运作的启动资金，而非长期依赖。因此，新型研发机构"运行机制市场化"不等于直接参与市场竞争，而是强调以科学研究、技术研发为市场提供服务，纯粹的市场行为应当交由市场主体运作。

"用人机制灵活化"不仅要求新型研发机构建立健全用好人才的制度体系，还要求新型研发机构坚持制度创新，不能走"要编要钱"的老路子，要以灵活的用人机制体现新型研发机构的制度优势，围绕充分激活人才积极性、主动性和创造性，破除一切不适应人才发展的制度障碍。

二、新型研发机构的基本特征

作为一种新型研发组织，新型研发机构具有资源配置市场化、运行机制灵活化、研发活动自主化、产学研用一体化、创新要素集成化、发展模式国际化等典型特征，形成了科学发现、技术发明和产业发展紧密衔接的研发创新模式，实现了创新链、产业链、资金链的紧密融合，跨越了传统创新链条的"死亡之谷"，解决了科技与经济"两张皮"的问题。

新型研发机构不同于传统研发机构的特征突出表现在投资建设主体、管理体制运行机制、人才引进和使用方面，具有投资主体多元化、管理制度现代化、运行机制市场化、用人机制灵活等鲜明特征。新型研发机构的"新"，主要体现在其组织创新、模式创新和文化创新，能够更好地跨域连接知识链、资本链和政策链，有助于跨越"死亡之谷"，对于克服科技研发中的市场失灵、组织失灵，乃至系统失灵发挥着重要作用。总体来说，新型研发机构主要具备"功能新、组织新、机制新、需求新、观念新"等特点。

一是新型研发机构的突出特点是"功能新"。新型研发机构从事的研究既有一定的学术水平和前沿性，又面向产业和市场应用需求，是科研发现、技术发明、产业发展的"三发联动"。与传统研发机构的研发机制难以适应产业发展需求不同，新型研发机构从诞生起就与产业需求紧密结合。新型研发机构可以有效整合创新链、产业链、资本链，关注从科学到技术、从技术到产业两大环节。在上游环节，新型研发机构结合市场趋势，开展实用技术开发、前瞻技术突破等工作，将研发成果转化为应用技术，推动科学技术化。在下游环节，新型研发机构关注技术的中试熟化，面向市场提供技术转移、技术咨询、研发外包等服务，孵化创新型企业，推动技术产业化。同时，新型研发机构依托上通科研、下接市场的优势，以及灵活的人员流动机制，源源不断地向社会培养输送优质高端人才。在组织目标定位上，新型研发机构结合了科技研发和创新创业两个目标，具有以探索性需求为导向的定位特点，希望衍生一批企业、带动一个（或若干）产业，乃至一个区域的发展。在研究内容和领域的选择上，新型研发机构所从事的往往是巴斯德象限的研究，既有一定科技前沿性，希望达到较高的学术水平，又有应用目的性，能够面向产业和市场需求，是科研发现、技术发明、产业发展的"三发联动"。由此也决定了研究领域往往具有学科交叉性和综合性。在功能实现上，新型研发机构旨在通过建立衍生企业，带动产业和经济发展，因此必然特别注意技术创新与商业模式的结合，往往是"科技+产业+资本"的"三位体"，甚至与培养人才结合起来形成"科技+产业+资本+教育"的"四位体"。

二是新型研发机构的核心标志是"组织新"。新型研发机构是新型技术创新组织，这种创新组织最大的特点是市场化、企业化运作，通过整合政产学研用等各方创新资源实现协同创新。①多样化的组织形态。从机构性质看，我国新型研发机构可分为事业单位、民办非企业单位、股份制企业等，甚至部分新型研发机构兼具多重身份。②多元化的投资主体。新型研发机构的投资建设主体包括院校、政府、企业，多为两两或三方合作共建，既能有效整合各类资源，又能规避单一主体的制度障碍。③灵活的组织设置。新型研发机构可根据产业发展趋势和市场需求，灵活组建不同的创新平台，有效调动各行业人才进行跨学科、跨领域合作开发。在资金来源上，由于新型研发机构所进行的研究主要针对前沿科技、产业共性关键技术，其成果具有一定的公益性，也具有较强的溢出效应，其研发领域存在着明显的市场失灵。因此，其资金来源较为多样化，通常包括来自政府、科技风投、产业界等多方面，其中公共科技资金支持对于新型研发机构至关重要。在运行和管理上，新型研发机构无论其隶属关系如何，是事业单位，还是民营非企，乃至企业联办，在内部的运行和管理上，一般都会在很大程度上采用企业化运作模式和非营利机构管理模式，在对外协调和运行上，都高度重视与学术界和产业界，以及国际化的多种形式的合作。

三是新型研发机构的内在动力是"机制新"。体制机制的灵活性是新型研发机构区别于传统研发机构的关键性特征。由于新型研发机构的组成较为复杂，因此其管理体制也表现出了多重性的特征，其中"四不像"特征明显。在治理模式上实行去行政化，普遍实行理事会领导下的院（所）长负责制，由理事会确定发展方向、对重大事项进行决策，院（所）长负责研发组织的日常经营，对外行使法人权利。在运营管理方面，新型研发机构实行投管分离、独立核算、自负盈亏，可以自主确定研究课题、选聘科研团队、安排科研经费使用。在人力资源管理方面，新型研发机构打破了传统研发机构固有的"铁饭碗"用人制度，实行市场化的用人机制，打破编制身份束缚，实施聘用制、动态考核和末位淘汰等管理制度。此外，还打破了传统的唯职称、唯学历、唯论文的标准，而是以实现科技成果转化和产业孵化作为考核标准，普遍建立了灵活的人才激励机制和岗位考核制度。新型研发机构大多遵循企业化的管理方式，在考核激励机制方面与企业考核激励机制有诸多相似之处，末位淘汰、合同制、动态考核等管理制度都较为适用。在科研组织中，新型研发机构可根据实际需求自主确定选题，动态设立、调整研发单元，灵活配置科研人员，组织研发团队、调配仪器设备，学术自主权相对较高。在项目筛选方面，新型研发机构通过组建由科学家、企业家、投资机构组成的技术咨询委员会，不断探索需求型科技成果生成与转化机制。同时，开放式创新是新型研发机构的共有特点，新型研发机构可以以更加灵活的方式在全球范围内公开招引尖端人才、开展项目合作。

四是产业"需求新"催生新型研发机构的蓬勃发展。习近平总书记指出，研究方向的选择要坚持需求导向，从国家急迫需要和长远需求出发，真正解决实际问题。强化需求导向科技治理，围绕现实发展需求改善创新资源供给模式，有助于明确创新资源配置的领域和方向，提升创新资源配置效率。需求导向的科技研究能够为科技发展提供更清晰的技术路线和更有效的资源配置，成为当前解决国家急迫需要和长远发展重大问题的关键战略决策。新型研发机构的发展具有极强的需求导向性，它要依据国家与区域经济社会发展的需求设计组织结构，明确研发任务，开展研发活动，转化研发成果，形成产业价值。可以说，需求导向性是新型研发机构的生命源泉。因此，新型研发机构的研发任务，不是来自上级机构的计划安排，也很少是出于研究人员的兴趣探索，更多的是基于对经济社会和市场的技术创新需求。这种创新需求不是单个企业的创新需求，而是某个产业领域的需求，或者面向某个行业、某个区域的多学科交叉融合的创新需求。

五是政府"观念新"赋予新型研发机构在创新体系中承担更重要的功能。过去科技体制改革的核心思路是将资源的配置方式由原有的政府计划行为转变为政府与市场的共同作用，且希望二者的边界越清晰越好。目前，科技体制改革正从最初的"产学研"拓展到"政产学研用"，强调的是通过市场"无形的手"和政府"有形的手"共同作用，促进创新能力的提升。国外的经验表明，在转型关键时期政府主导的产业研发机构是引领和带动产业转型发展的主要依托力量。

三、新型研发机构的功能作用

新型研发机构是多方共建，集基础研究、科技研发、成果转化、企业孵化、人才培育为一体的企事业法人机构。新型研发机构作为产学研资连接通道，积极从事产业中的共性技术研发、成果转化、技术服务、科技企业孵化等，力图通过其特殊位置优势，将实验室中的项目更加有效地推向市场，打通、整合基础研究到应用研究，再到商品化的创新链条，推动实验室成果对接市场，企业技术进步、产业前进发展。

新型研发机构以市场需求为导向，以培育新动能为目标，建立起科研成果潜力释放与市场需求紧密结合的新机制，是国家、区域和产业技术创新体系的重要新组成部分，是新时代促进科技与经济结合的新模式，是强化战略科技力量的新主体，是优化配置科技创新资源的新手段，是完善科技创新体制机制的新探索，是打通基础研究、应用开发、转化应用创新链条的新载体，是落实创新驱动发展战略的新实践。发展建设新型研发机构，有利于建立起以企业为主体、市场为导向、产学研深度融合的技术创新体系和现代化产业体系，对有效解决科技经济脱节问题，推动科技经济融合具有重要意义。

（一）新型研发机构的功能

一是新型研发及组织功能。新型研发机构打破传统成果转化局限，采取市场化运行机制，探索新的研发模式，以科技原始创新为源头，以前沿科技创业为核心，推动科学家和企业家紧密融合，在风险资本的持续支持下，快速集聚技术商业化所需关键要素，使得研发活动和商业化活动同时进行，提高研发转化效率。新型研发机构往往专注于某一个或若干前沿领域，站在全球科技发展前沿，将具有广阔前景的战略性新兴产业、未来产业为主要领域的新兴技术作为突破口，强化源头技术创新、新兴业态创新和商业模式创新，获得大量具有战略价值的知识产权和标准，力图在相关产业抢占制高点和话语权。例如，深圳光启高等理工研究院在成立5年内，已在材料领域布局2800多项专利。

二是科技成果转移转化功能。新型研发机构的根本目的是推进技术创新、引领产业发展。新型研发机构以社会的现实科技需要为导向，为企业等技术需求方提供技术转移转让、技术咨询、技术评价和技术投融资服务等专业化服务，利用自身的研发平台和投资平台进行有效的成果转化和企业孵化，推动科技成果扩散、转移、流动、共享及应用，并实现社会价值。新型研发机构是集成科研、孵化、资本等功能为一体的微创新生态模式，这种模式将各种要素集成于组织内部，降低了交易成本，实现了创新链条的全覆盖，这也是新型研发机构擅长科技成果转化和高科技企业孵化的关键。例如，深圳清华大学研究院在深圳、珠海、东莞、顺德、南海建设了科技园区，孵化总面积达70万平方米，体系内可控资产达到70亿元以上，累计孵化企业1500多家，推动18家企业上市。

三是培养高端复合型人才功能。新型研发机构不仅需要选拔和培养具有将技术创新与商业模式相结合的、善于在综合交叉中进行团队合作并敢于积极参与竞争的复合型人才，而且出现了将"三位体"发展为"四位体"的趋势，即通过举办特色学院或与大学合作办学，将培养这种复合型人才推广扩散到社会教育和培训体系中。从长远看，这有助于夯实培养创新人才的基础，从而促进科技创新生态的形成和完善。例如，深圳光启高等理工研究院集聚了一支超过500人的科学家团队，其中90%的人员年龄都在35岁以下，1/3的研究人员具有哈佛、牛津、剑桥等著名高校的博士学位或著名科研机构的工作经历。深圳华大基因研究院以灵活的用人机制吸引了一大批青年俊杰。

四是高端资源配置功能。新型研发机构建立财政资金、社会资本、产业基金多元化投入机制，可以吸引集聚一批战略性科技创新领军人才及高水平创新团队，加快技术成果转移转化，推进产业创新发展。因此，新型研发机构通过聚集科技、人才、资本、项目、数据等高端创新资源，服务于区域产业创新，支撑新型产业的崛起。

五是硬科技创业和育成孵化功能。新型研发机构遵循创业是技术转移最佳途径的基本规律，抓住资本，尤其是社会资本发掘硬科技创业项目的专业能力，支持科学家带原创科技成果创办企业或进驻相关初创企业，培育、发展服务硬科技的创新孵化器，开展硬科技创业企业孵化及创业投资服务，探索瞪羚、独角兽企业的成长之路。

（二）新型研发机构的作用

新型研发机构是顺应科技革命和产业变革的产物，在技术开发、技术商品化、科技成果转化和企业衍生孵化等方面具有鲜明优势，其核心就是搭建基础研究与产业界之间的桥梁，打通创新链条，促进科技成果转移转化，破解科技与经济"两张皮"的问题。

第一，从科技经济关系看，新型研发机构有助于克服系统失灵、组织失灵，形成产业创新源头。新型研发机构立足于信息通信、先进制造、网络技术、人工智能、分子生物学、基因组学等科技发展前沿领域，具有强大的研发能力，其产生大量高水平研发成果的目的不在于为科研而科研，而在于更好地克服科技与经济"两张皮"的问题，致力于发展引领未来的、有可能导致产业代际转移的原始性创新技术，争取在新一轮科技革命和产业革命中占据主导地位，从而促进战略性新兴产业的发展，孕育和引领未来产业。引领建立新的产业链和创新价值链，可以发挥源头创新的作用。

第二，从技术供给看，新型研发机构能够引领源头创新，强化共性技术和竞争前技术供给。共性技术是指对整个行业或产业技术水平、产业质量和生产效率都会发挥迅速的带动作用，具有巨大经济和社会效益的技术。竞争前技术是为未来商业应用所进行的早期的、具有高度不确定性的技术研究与开发活动。由于共性技术和竞争前技术兼具公共产品和私人产品双重属性，以及外部性、公共性、基础性、长期性、风险性等特点，所需研发投入大，企业往往不愿，也难以对其进行研发投入，传统公共研究部门的研究成果往往脱离产业发展的实际。新型研发机构可以成为产业共性技术和竞争前技术的重要提供者，对产业发展起到强有力的支撑作用。这种准公共产品的属性，使得作为创新主体的企业受到风险与收益不对等的制约，迫切需要政府发挥作用，推动共性技术的研发与扩散。新型研发机构作为由政府主导设立的兼具公益性和市场化的科研组织，立足共性技术研发，向前端基础研究与后端产业化应用贯通。新型研发机构基于产业和应用导向，开展源头科技开发，比传统科研机构有更加明确面向产业的研发与创新目标。因此，新型研发机构围绕产业需求开展基础研究和应用基础研究，可以有效弥补技术科学、应用科学研究力量部署的不足，对于产业关键技术的攻关和提高我国产业体系的源头创新能力具有重要意义。

第三，从成果转化角度看，新型研发机构能够促进科技成果转化，衍生孵化高科技企业。新型研发机构以技术成果为核心，通过整合政府、高校、企业、中介机构等资源，构建"科技+人才+产业+资本"的协同创新体系，将实验室研究成果推向市场，实现商业化，大幅提升科技成果转化效率。新型研发机构还具有科技创业孵化功能，通过联合产业基金和社会资本，孵化育成科技型企业，推进创新创业创富一体化。新型研发机构不仅可以通过衍生企业创业，而且往往具有高科技企业孵化器功能，衍生孵化的高科技企业成果既可能是来源于本身的研发成果，也可能是来源于其他渠道寻求孵化服务的科研成果。凭借自身研发实力，新型研发机构可以有效解决信息不对称问题，便于通过引入天使投资、风险投资等方式积极介入资本运作，使众多有前景的科研成果获得转化资源，使有前景的科技成果能够通过中试，进而形成产品，得到商品化、产业化，从而跨越"死亡之谷"。同时，新型研发机构的孵化收益能够反哺其自身的科研活动，形成良性循环。

第四，从创新生态角度看，新型研发机构能够活跃创新生态。新型研发机构凭借自身独特优势，有效促进了区域各类创新活动主体之间的协同发展和创新资源的融通集聚，成为区域创新体系中的有机组成部分。新型研发机构作为现代市场经济中的一种特殊的、要求有收益的经济组织，弥补了创新价值生态中的薄弱环节，通过科学发现、技术发明、产业发展的"三发联动"，成为"研究""开发""利用"三大创新群落的混合体，促进较为顺畅地实现认知价值与经济价值的"双向识别"，以及认知价值向经济价值的转化和相互转化，并通过将创新与创业的内在有机联系，以更好地沟通创新价值链，带动政府、企业、社会等多方面的创新投入，从而有力地推进全社会创新生态的形成和完善，造就生机勃勃的创新生态，实现可持续的、创新驱动的发展。新型研发机构通过整合产学研用各种资源，形成集研发、转化、孵化、投资等功能于一体的平台化组织。以多元化的业务布局和功能设置为依托，协同区域各类创新主体形成共生关系，实现主体间的优势互补和彼此赋能，显著增强区域创新体系中各主体之间的联系和影响。

第五，从产业和区域发展角度看，新型研发机构能够赋能产业发展，优化产业结构，巩固区域创新和研发基础。科技与产业融合发展，是科技与经济结合的途径与着力点。科技是人类认识自然、改造自然的知识体系，产业是利用知识创造物质财富的经济体系。作为科技和经济紧密融合的纽带，新型研发机构高度关注产业发展，通过为产业发展赋能，把科技创新活动与产业活动有效融合，从而更加高效地推动传统产业转型升级，促进新兴产业发展。因此，新型研发机构既要靠近创新源头，充分依托高校、科研院所的优势学科和科研资源，加强科技成果辐射供给和源头支撑，又要靠近市场需求，紧密对接企业和产业，提供全方位技术创新服务，切实解决企业和产业的实际技术难题。靠近创新源头，但不从事基础研究，不与高校争学术之名；靠近市场需求，推进技术供需对接，不与企业争产品之利。可与高校开展联合攻关，但不以论文为评价标准；可以股权等形式投入到企业中，但不参与企业生产。要能够实现与本地发展紧密结合的科技创新成果有效转化。新型研发机构是根植于本地产业发展的创新平台，通过需求引导，力求在基础研究、共性技术研究、商品开发、工艺开发、产业化的全链条上发挥创新能力，促进大量科技创新成果转化为本地产业升级的动力，真正将源头科技创新转化为现实生产力。

第六，从体制机制改革角度看，新型研发机构探索新型管理机制，是推进体制机制改革的有效抓手。我国传统科研机构的体制机制改革已走过30多年，但由于包袱沉重和路径依赖，一直受到诸多局限。新型研发机构摆脱了固有体制机制束缚，在体制机制创新上进行了卓有成效的探索。在体制上，大多具有自主决策的顶层设计和完善的法人治理结构，有效规避了政府机构、传统事业单位和公司企业的组织约束，为整合创新要素、开展创新活动，创造了新型混合制度和新型组织模式。在机制上，新型研发机构能够面向产业和市场，采用多元功能集成方式，行使企业化的目标管理和绩效激励，更加契合科技发展规律和经济运行规律，提升组织的创新效能，为深化科技体制改革提供了新思路。

四、新型研发机构的主要分类

关于新型研发机构分类，学者们从建设模式、建设主体、功能职责、业务内容等不同角度进行了研究。林志坚将新型研发机构分为大学主导型、科研院所主导型和地方政府主导型研究院；刘林青等学者认为我国新型研发机构可以分为大学主导的专业化产业技术研究院和政府主导的综合性产业技术研究院；熊文明等学者将新型研发机构分为政府主导型、企业主导型、大学主导型等；李玉玲从主要功能角度将国内区域产业技术研究院大致分为公共技术服务类、应用技术研发和成果转化类、竞争前技术研究类（基础研究类）。曾国屏根据研发活动的目标和特点，将新型研发机构分为使命导向型、科学建制型、学术研究型3类。

实践来看，新型研发机构按照法人性质可以分为事业、民办非企业、企业。事业性质新型研发机构建设主体一般为高校、科研机构或地方政府，但采用全新的管理体制和市场化运营机制。民办非企业性质新型研发机构没有编制、事业费，自主经营，自负盈亏，在民政部门登记注册。

根据主要依托单位和建设主体不同，可以分为院校与政府共建型、企业自建型、院校与企业共建型3类。最主要的是院校与政府共建型（由一个或多个高校、科研院所与政府共建）；企业自建型是由企业或其他单位自行筹建的新型研发机构；院校与企业共建型是由一个或多个高校、科研院所与企业共建的新型研发机构。

根据研发机构在创新链中发挥的作用，国内现有新型研发机构可分为全链条服务型和应用服务型两大类。其中，全链条服务型一般具备基础研究和应用基础研究功能，拥有基础研究所需的实验设备、人才等，在基础研究、应用基础研究、技术开发、成果转化、企业孵化、人才培养等创新全链条过程中提供服务，此类新型服务机构建设主体多为科研院所。例如，北京生命科学研究所、中国科学院深圳先进技术研究院。应用服务型一般基础研究功能薄弱，其研发多集中于共性应用研发阶段，拥有共性技术服务平台等，在科技研发、成果转化、企业孵化、人才培养等阶段提供服务，此类新型服务机构建设主体多为企业或地方政府。例如，江苏省产业技术研发院、深圳光启高等理工研究院。

根据新型研发机构所承载的主体功能不同，可将新型研发机构分为以研发为主和以平台为主两种类别。以研发为主的新型研发机构，聚焦创新链上游的基础研究和应用研发等功能，着重原始创新，力争突破前沿技术、攻克"卡脖子"技术，发挥以研发源头创新带动产业发展的杠杆作用，解决特定关键领域和战略新兴产业发展中的技术瓶颈。这类机构以北京生命科学研究所、台湾工业技术研究院（简称"台湾工研院"）等为典型代表。以平台为主的新型研发机构，聚焦创新链中下游的科技转化、资源对接等，涵盖技术转移、创业孵化和核心技术产业化等功能。其特点是依托创新成果转化体制新机制，吸引相关专业机构进入平台，构建专业化技术转移和产业创新体系，加快推动关键原创技术在产业中应用，提供各类科学技术服务和科技型企业的孵化与育成。这类机构以广东华中科技大学工业技术研究院、南京先进激光技术研究院等为典型代表。

根据新型研发机构所承载的主体功能不同，也可将其分为以研发为主、以转化为主、全链条综合型3类。以研发为主的新型研发机构，聚焦创新链上游的基础研究和应用研发等功能，着重原始创新，发挥以研发源头创新撬动产业发展的杠杆作用，解决特定关键领域和战略性新兴产业发展的技术瓶颈。以转化为主的新型研发机构，聚焦创新链中下游的成果转化、创业孵化、资源对接等，其特点是创新成果转化机制，发挥平台渠道作用，吸引相关专业机构进入平台，推动关键原创技术在产业中应用，提供各类科学技术服务，促进科技型企业的孵化与育成。全链条综合型新型研发机构则不再局限于服务科技创新活动的某个环节，而是将科学研究、技术开发、科技成果转化与产业化融为一体，形成了从上游源头创新到下游产业化的全产业链技术创新体系。

五、新型研发机构的参与主体

国家创新体系是政府、企业、高校、研究院所、中介机构等创新主体为了实现创新目标或经济目标，在一定的创新环境和要素资源支撑下，通过相互作用而构成的促进知识创造、扩散和应用的网络和制度安排，具有多要素、多主体、多环节和多层次的立体性特征。国家创新体系既是包含必备的创新主体、要素、活动等硬条件的科技创新能力体系，也是包括体现促进创新的机制、政策、措施等软环境的制度体系，是一个结构多元，且有自组织、自演进功能的系统。在国家创新体系中，各主体拥有差异化的创新资源和功能定位，相互联系，资源互补。高校与科研机构主要扮演知识创造的角色，企业主要扮演知识应用的角色，政府、中介组织等助力不同主体间建立或维持连接关系，在加速要素多方向、多层次流动方面发挥重要作用。要充分发挥政府、科研机构、高校、企业的功能，界定各创新主体的功能定位，协调各创新主体之间的功能分工，做到创新主体之间不打架、不重叠，形成政府积极服务、产学研协同发展、创新链上中下游衔接、大中小企业通力合作、中介机构鼎力支撑的良好创新格局，有效防止系统失灵。

新型研发机构是国家创新体系的重要组成部分，在系统环境下发挥作用。新型研发机构聚焦基础研究后端、产业开发前端的产业共性技术问题，架起基础研究和产业发展的桥梁，联通创新链的各个环节，填补了创新链的缺环，改善创新链功能整合，完善了国家创新系统，弥补了区域创新生态的系统失灵。各种创新主体是新型研发机构的参与者，同时新型研发机构在与各种主体的相互作用中发挥自身功能。

（一）制度供给主体：地方政府

政府作为区域创新平台的顶层设计者和导向协调者，是新型研发机构外部创新环境中制度要素的生产者，也是机构建设资金的主要来源。政府的主要职能是积极营造区域发展的创新环境、发展氛围等，保障信息、知识、技术的扩散和传递能够准确有效地进行。尽管地方政府和公共部门并不直接参与新型研发机构的研发活动，但在研发过程中发挥着极为重要的推动作用。地方政府一般通过整体规划、政策导向和经费资助进行组织协调，为新型研发机构提供有效的管理和服务，为各类研发活动提供资助，激发高校、科研院所、企业等创新主体的创造力和积极性，助推科技成果的研发转化和产业化。通过引导市场资源配置、规范市场行为，为科研活动的开展营造良好环境。通过改善基础设施、提供财政补助、出台税收优惠、引导多方力量参与建设等措施直接支持研发活动，激发新型研发机构的创新活力。

（二）知识创新主体：高校、科研院所

高校、科研院所是知识创新的主体，具有知识优势、智力优势、学术优势和人才培养优势，是从事基础研究与高新技术研究的主要力量。由于知识创新到产业化的过程需要企业的积极参与，高校科研院所为提高成果转化效率，积极探索产学研合作的新模式，将高校、科研院所、企业的"外在性合作"逐步转变为具有实际创新载体的"内在性联合"，即联合企业建设新型研发机构，进行深度合作。对于高校，新型研发机构能为其科研成果提供中试基地和孵化平台，加深高校的产品开发参与程度，使科学研究、科技开发紧密贴合市场需求，提升科研成果的产业化能力，通过成果转化促进高校创收。对于传统科研院所，通过参与新型研发机构组建，与市场需求的联系进一步加深，通过调整研发人员的规模和结构、技术研发的专业和方向，以市场为导向开展研发活动，增强创收能力。在当前政府经费支持不足的大背景下，通过组建新型研发机构，面向市场需求积极开展有偿的对外服务，已成为高校、科研院所重要的创收方式，促进高校、科研院所改善研学条件，提升研发人员待遇水平，进一步调动其从事公益性研发服务的积极性。

（三）成果转化主体：孵化或创办企业

初创企业是产业发展的新兴力量，能带动新业态、新产业的出现与发展。新型研发机构采用科学管理模式和市场化运行机制，将产学研用、创新创业

与孵化育成紧密结合,成为助推"大众创新,万众创业"的新生力量。新型研发机构以技术入股方式孵化或创办企业,能在企业发展初期给予资金和技术上的协助,帮助企业快速成长。很多初创企业依托新型研发机构这个平台来获取知识和技术,降低研发成本,获取额外经济租金。这些企业在与新型研发机构的合作中不断提升研发能力和组织能力,将其应用到产业化过程中,间接提升了产品的经济利润。

新型研发机构在创业项目的效益分配方面采取了多层次、多形式的机制,如在创业期提供直接投资、在项目孕育期直接投资、对成熟的成果进行股权入股等,实行新型研发机构与创新团队的利益共享和合理分配,以此实现新型研发机构与企业的利益对接,进而依托孵化、创办企业,将核心技术产业化,带动整个产业发展,重构新的产业链。

(四)资本供给主体:创投基金

创投基金能激发民间活力,集聚市场资本以推动新型研发机构建设发展,依托技术预测手段和行业经验识别高价值技术和项目,促进产品开发和产业化,从根本上推动产业转型升级。创投基金的引入为新型研发机构的初创项目、下属非上市企业等开辟了新的融资渠道,能有效解决资本制约产业化的问题。在高风险项目投资上,创投基金有知名风投公司的管理者加盟,能对技术发展趋势有深刻判断与洞见,协助创业企业制订研发、产品和市场计划,利用市场资金降低金融风险,快速扭转高负债经营的局面。对于发展成熟的新型研发机构,通过自身组建创投基金,在投资过程中积累市场信息和产业资源,协助衍生企业建立与供应商、客户、合作方等的联系,加快资源整合与延伸。创投基金的发展伴随新型研发机构整个生命周期。在发展初期,新型研发机构的研发项目、孵化企业大多处于种子期或初创期,成果产业化需要充足的资金支持,而这些团队和企业往往规模较小,缺乏有效的融资渠道,迫切需要引入创投基金以保障成果转化。在发展中后期,新型研发机构需要集聚整合各类高端创新资源,不断拓展知识和技术网络,这就需要以组建创投基金的形式加强对外合作,不断提升行业影响力。

(五)研发创新主体:科研人员

新型研发机构中的研发人员(技术人员、教授、专家等)是新型研发机构能够持续发展运营的基本要素。作为新型研发机构研发实力的载体,拥有特殊技术、特有生产技能的研究人员和产业工人,具有推动知识、技术创新的主观能动性，为科研活动和成果转化提供了人力保障。新型研发机构借助于信息技术渠道，将组织内部各成员结合起来，促进知识资源的融合与配置，实现知识的交流、扩散与共享，增进知识在机构内部成员间的互补，提升知识的社会应用价值，帮助科研人员进一步提升自身理论和实践水平。研发人员是新型研发机构能够开展技术创新的核心要素，在薪酬福利、技术成果所有权等方面有利益诉求。此外，因为部分研发人员还在原单位任职，所以有弹性工作时间和工作地点方面的利益诉求。

（六）组织创新主体：管理人员

作为创新型组织，新型研发机构需要人力、财务、项目、知识等多种管理职能共同发挥作用，推动机构迅速发展。管理人员运用科学合理的方法开展新型研发机构的运营管理，维护机构良好的运营状态，实现机构的高效产出，提升盈利能力和水平。新型研发机构管理人员的利益诉求是较高的薪酬待遇和福利水平、舒适的工作环境、组织的认同和领导的重用、实现自我价值满足等。此外，很多管理人员作为新型研发机构的股东，将各参与方投入的资源围绕各方有效需求加以整合，将创新活动完全纳入机构内部进行。新型研发机构管理人员发挥知识管理职能尤为重要，知识管理可以服务于新型研发机构运作的各个阶段，它是对重要生产要素知识资源的管理，也能与其他职能管理结合。

（七）信息供给主体：科技中介服务机构

科技中介服务机构是有效配置各类科技资源的重要载体，既是政府与市场之间的中介，也是各类科技资源之间的中介，通过提供综合服务，促进各类生产要素的有序合理流动。以生产力促进中心、工程技术中心、技术开发中心等为代表的科技中介机构，能为新型研发机构提供完善的工程化、中试和设计等方面的成果转化服务，对科技成果进行二次开发、集成、配套和推广。以科技评估中心、科技招投标机构、项目可行性论证评估机构等为代表的科技中介机构能提供成果鉴定和价值评估服务，即对技术成果的可靠性、先进性、配套性、市场获利能力、获利年限和投资收益率等进行综合评估，为机构提供合理的参考价格。以科技咨询机构、律师事务所、会计师事务所、知识产权事务中心等为代表的科技中介机构，能提供包括技术咨询、管理咨询和法律咨询等各种咨询服务。

六、新型研发机构的评价考核

在国家和地方政府的大力支持下，我国新型研发机构正以"星火燎原"之势蓬勃发展，为有效监督和评估我国新型研发机构的发展成效，进一步引导其发挥体制机制优势，助力产业高质量发展，有必要从新型研发机构的核心功能出发，构建一套适用于评价新型研发机构核心能力的指标体系，这不仅有利于其本身识别自身发展现状、提升竞争优势，还有助于政府"以评促建"，引导其健康有序发展。

新型研发机构如何评价面临诸多困境与挑战，主要表现在以下几个方面。一是价值困境。新型研发机构独特与复杂的属性，导致政府对其进行绩效评估时，一方面要发挥政府公共财政投资的目标导向和绩效甄别作用，另一方面要凸显多元主体的协同与满意，兼顾公益性和可持续发展性。二是多元主体困境。新型研发机构健康发展需要多元主体的有效合作，并能够根据内外环境变化不断调整自身的目标和职能定位。但现实中，不同主体的目标不同、需求与贡献不同。因此，新型研发机构绩效评估为什么评、谁来评、用什么方式评和评估什么等，需要认真思考与分析。三是体制机制困境。新型研发机构是产学研协同创新的独立法人组织，就其组织属性而言，有的为企业属性，有的为事业单位属性，还有的注册成为社会组织的组织，属性不同，其考核要求亦不同。四是个性与共性兼具困境。新型研发机构形式多样，不同类型的新型研发机构都有各自的机构特点、产业技术特征、主要功能领域。如何科学合理地构建既符合各机构组织管理特点，又能反映机构建设和发展成效，同时兼具可操作性和可比性的评价指标体系，成为新型研发机构考核评估的难点。

新型研发机构的评价考核研究尚处于探索阶段。杨博文和涂平以新型研发机构的建设发展目的为引导，从科研投入、创新产出质量、成果转化、原创价值、实际贡献、人才集聚和培养6个方面，构建了北京新型研发机构的三层次评价指标体系（表2-1）。周恩德和刘国新运用层次回归分析法，实证研究了影响新型研发机构创新绩效的因素。刘彤和郭鲁刚等提出，科研院所与新型科研机构的绩效在技术创新能力、科学管理水平、经营管理水平、高层次人才团队、交流与合作、运作模式和创新文化建设7个方面存在差距。此外，蒋海玲和王磊等通过分析比较德、美、日、韩4国新型研发机构的绩效评价指标体系，从载体建设、团队发展、科技产出、创新效益、社会服务、运营模式、考核机制、创新领域和创新收入等方面构建了我国产业技术研究院的绩效评价体系。王守文、徐顽强等学者基于文献回顾与分析，从环境、投入、运行、成果水平、经济效益、社会效益、产业竞争力7个方面构建了产业技术研究院绩效评价指标体系。

表 2-1　北京新型研发机构评价指标体系

一级指标	二级指标	指标说明
科研投入	财政经费投入	评价周期内的市财政科研经费收入（万元）
		评价周期内的获得国家级科研项目经费收入（万元）
		评价周期内的申请国家级科研项目数（项）
	社会资金投入	评价周期内企业委托研发项目数（项）
		评价周期内社会捐赠收入（万元）
创新产出质量	论文质量	评价周期内被SCI（科学引文索引）、EI（工程索引）、STP（科技会议录索引）三大国际索引收录的论文发表数量（篇）
		论文总体被引用次数（次）
		前1%高被引论文（篇）
		前10%高被引论文（篇）
	专利和标准质量	评价周期内发明专利拥有量（件）
		评价周期内牵头或参与制定的省级以上标准数量（个）
成果转化	成果获奖情况	评价周期内获得国家级科技奖励数量（个）
		评价周期内获得国际奖项数量（个）
	成果转化机制	是否建立成果转化机制
		是否设置成果转化部门或专职工作人员
	成果转化收益	通过成果转化拉动社会投资总额（万元）
		评价周期内在北京创办企业数（家）
		评价周期内成果转化累计收入（万元）
		评价周期内年度成果转化收入占研发机构总收入比重
原创价值	学术影响力	领域TOP10发表的论文（篇）
		是否在领域内国际组织任职
		领域国际重要学术会议特邀报告（次）

第二章　新型研发机构的基础理论与创新成果

续表

一级指标	二级指标	指标说明
原创价值	技术创新价值	专利技术在评价时点上与本领域的其他技术相比是否领先
		专利技术是否填补国内空白
		专利技术在评价时点上是否存在解法相同或类似问题的替代技术方案
实际贡献	经济贡献	评价期内带动产业增加值（万元）
	社会贡献	是否带动公共服务进步
	服务行业情况	累计服务所在行业企业数（家）
		是否加入产业技术创新联盟
		是否加入行业协会
人才集聚和培养	创新团队建设	创新团队结构是否合理
		创新团队数量（个）
	吸引高层次人才的能力	引进高层次创新人才数量（国家杰青、北京学者等）（人）
		引进外籍创新人才数量（人）
	培养科研人才的数量和质量	培养的科研人才获得国家杰青、北京学者等人才计划支持的数量（个）
		本研发机构内工作过的人员在其他单位工作担任的角色
		本研发机构培养科研人才在领域TOP10发表的论文（篇）

　　长城战略基于新型研发机构功能定位，构建了表征新型研发机构研发能力、服务能力、协同能力、产业化能力的评价指标体系（表2-2）。一是研发新引擎，即以满足市场需求和产业需求为目标，集聚国内外高端创新资源，进行技术创新和成果转化，成为技术创新、产业创新源头；二是服务新平台，新型研发机构联合社会化、市场化的科技服务机构和风险投资机构共同形成专业服务体系，面向创业企业或项目提供技术转移、成果转化、创业孵化、科技金融等专业服务；三是资源连接器，它协同政府、高校院所、企业、科技中介服务组织等各类主体，跨越从基础研究到应用研究、成果转化，再到产业化的创新鸿沟，切实消除创新中的"孤岛现象"，打通政产学研用之间

的堵点；四是产业助推器，它面向传统产业转型升级和新兴产业培育需求进行科学研究和技术开发，促进大量科技成果转化和科技企业数量爆发式成长，真正将科技创新转化为现实生产力。

表 2-2 评价指标体系（长城战略）

一级指标	二级指标	指标说明	分值
研发能力（30分）	创新人才聚集情况	指机构引进和接养高层次创新人才的情况，衡量机构的创新人才集聚程度	10
	创新平台建设情况	指机构自建或共建创新平台 [包括但不限于实验室、技术创新中心、工程（技术）研究中心、制造业创新中心等] 的情况，衡量机构开展研发活动的实力和活力	10
	科研成果产出情况	指机构的论文、专利、技术、科研项目等情况，衡量机构的知识性产出和科技成果产出情况	10
服务能力（25分）	技术服务情况	指机构通过各种方式开展公共研发、技术转让、技术咨询、技术评价等服务的情况，衡量机构对技术创新和产业发展的服务赋能情况	9
	创业孵化服务情况	指机构通过设立各类创业孵化载体、开展创业投资等措施进行成果转化和创业孵化服务的情况，衡量机构的孵化能力和水平	9
	人才培养情况	指机构通过建立人才培训基地、建立人才培养站、建设硕士/博士学科培养点、开展人才联合培养等举措培养人才的情况，衡量机构培养人才的能力	7
协同能力（15分）	产学研融通情况	指机构与企业、高校院所、联盟、协会、金融机构等各类主体建立合作关系，进行协同创新的情况，衡量机构的资源链接能力和协同创新能力	10
	国际合作情况	指机构与国外创新主体交流合作的情况，衡量机构的国际化发展水平	5
产业化能力（30分）	成果转移转化情况	指机构完成技术转移和科技成果转化的情况，衡量机构对科研成果的应用推广情况和促进科技经济融合的成效	15
	企业育成情况	指机构孵化企业的情况，衡量机构对新企业、新业态、新产业发展的贡献度	15

为保障新型研发机构建设目标的实现，有关省市相继出台了新型研发机构建设与评估管理文件。福建省出台《福建省人民政府办公厅关于鼓励社会资本建设和发展新型研发机构若干措施的通知》提出每3年对新型研发机构的人才集聚、创新产出、技术辐射、成果转化效益、自主发展能力等情况进行评估。广东省出台《广东省科学技术厅关于新型研发机构管理的暂行办法》，明确新型研发机构的绩效评价指标包括研发条件、体制机制、研发团队、创新活动和创新效益5个一级指标。安徽省出台《安徽省新型研发机构认定管理与绩效评价办法（试行）》，规定新型研发机构的绩效评价指标体系包括体制机制、研发条件、创新活力、创新成果、成果转化和社会效益共计6个一级指标。《宁波市产业技术研究院绩效管理办法（试行）》指出，对于初建期研究院的评价侧重其建设进度，主要聚焦科研团队建设、基础设施保障条件等创新资源集聚、科研活动实施，以及体制机制建设情况。对于成长期的研究院，绩效评价则聚焦核心技术攻关、科研成果转化、企业孵化培育等运营成效，高端创新资源集聚及可持续发展机制建设等方面。

第四节　新型研发机构的理论成果

新型研发机构作为一种新型研发组织形式受到社会广泛关注，在创新实践中取得实际成效，也探索出"四不像"、"民办官助"、"三发联动"、产学研一体化、微创新生态系统等理论成果，从不同侧面解释了新型研发机构的组织特征、运作机制和比较优势，对认识把握新型研发机构规律和特征，指导新型研发机构的实践具有指导意义。

一、"四不像"理论

从新型研发机构组织性质角度提出了"四不像"理论。该理论由深圳清华大学研究院提出，开创了新型研发机构理论研究的先河，也成为新型研发机构制度设计的出发点。深圳清华大学研究院在成立之初就采用企业化的运作方式，实行理事会领导下的院长负责制，有着鲜明的产学研结合导向。对此，深圳清华大学研究院提出了著名的新型研发机构"四不像"理论，即"既是大学又不完全像大学，既是科研机构又不完全像科研院所，既是企业又不完全像企业，既是事业单位又不完全像事业单位"。所谓"既是大学又不完全像大学"，是指新型研发机构既需要像大学一样具有教学育人、从事研究的职能，又不能完全坚持纯学术文化，需要面向市场经济；"既是科研机构又不完全像科研院所"，是指新型研发机构不同于以往以国家课题和财政经费支持为主的传统科研机构，而是要面向产业服务，实现研发与产业的双向连接；"既是企业又不完全像企业"，是指新型研发机构既要为社会经济发展创造价值，又要兼顾公共研发职能，不纯粹以追求市场营利为目标；"既是事业单位又不完全像事业单位"，是指新型研发机构虽然可以是以事业单位进行注册，但在管理体制机制上要对传统事业单位有所突破。"四不像"理论深刻地揭示了新型研发机构建设的初衷，试图在高校、企业、传统科研事业单位之外走出"第四条"路径，也在一定程度上解答了"管理制度现代化、运行机制市场化"的内涵。事实上，新型研发机构兼具传统科研机构、事业单位、高校和企业的部分特征，有效整合以上各类创新主体的优势和资源，发展成"科研、教学、产业、资本"四位一体的新型研发组织，成为资本市场的宠儿、新三板的常客、新兴产业培育的生力军。

二、"民办官助"理论

"民办官助"理论是从新型研发机构多主体举办特征出发，从政府与市场关系角度进行的理论总结。新型研发机构大多采用"民办官助"的组织模式，能有效发挥民办的体制优势和官助的资源优势，推动新型研发机构开展技术研发。"民办官助"，也称"民办公助"，是一种采取"民办"与"官助"相结合的组织模式，这种模式能将民间与政府的资源整合，有效避免科技与经济相分离的问题，极大地促进了新型研发机构的发展。"民办官助"特质决定了新型研发机构兼具"民办团体""公益性组织""市场创新主体"三重角色功能。其中，"民办"是指部分新型研发机构是由民间而非官方主导建立的，独立运作与发展，一般以民办非企业身份注册；"官助"则是指政府对新型研发机构给予资金支持和政策扶持。不同新型研发机构在民办强度和官助强度上会有较大差异，这本质上是政府和市场相互合作、资源协同、利益博弈的结果，也被认为是科研组织模式的一大创新。

三、"三发联动"理论

"三发联动"理论是从创新链角度出发，由新型研发机构功能集成角度提出的。"三发联动"是指新型研发机构通过科学发现、技术发明、产业发展3个创新环节的联动，实现科技创新的市场价值和产业化应用，即新型研发机构采取科学发现推动技术发明，技术发明促进产业发展，产业发展引导科学发现的发展模式。具体是指新型研发机构通过基础研究获得科学成果；以科学成果为基础，推动技术发明，获得核心技术成果；利用技术发明开发符合市场需求的新产品，实现研发成果产业化。

在"三发联动"发展模式下，新型研发机构打破团队与团队之间的信息孤岛，实施多目标共同研发。高校希望通过协同创新来提高人才培养质量、提升学术荣誉、获得更多的社会资助；科研机构期望通过多方合作实现知识创新，获得科技发明；企业更关注于市场的需求和利润的获取，希望通过合作方的科技与人才资源，促进成果转化、产品开发，提高产品质量和生产效益；政府则希望通过协同创新实现科技、教育与经济的无缝对接，促进创新型国家建设。因此，新型研发机构的一大组织特性就是目标多元重叠并存，这种机制能以提升产业技术、创新能力和科技成果转化为目标，通过不断完善技术研发、行业服务、成果转化等功能，增强行业关联性，推动技术链、人才链与产业链的深度融合。同时，通过开展多样化、多层次的行业共性关键技术研究，实现重大技术突破，支撑和引领行业技术创新，促进高校和科研院所科技成果在产业中的有效应用和快速转化，完善产业技术创新链条，提升产业整体竞争力。

四、产学研一体化理论

新型研发机构采取市场化运作方式，有效汇集各种资源，整合科学研究、技术开发、企业孵化、人才培养各项功能，实现机构内部的协同运作，促进产学研资一体化，能够降低合作的交易成本，提高了创新的效率和活力。新型研发机构产学研一体化包括以下3个方面。一是政产学研资一体化。新型研发机构利用政策支持，面向产业发展需求，依托创新资源，引入风险资本，建立起"政策+产业+研发+资本+风险投资+私募股权投资"的新机制，极大提高了科技成果转化效率。二是创新创业创富一体化。创新是基础，创业是目标,创富是动力。新型研发机构更加注重新兴产业培育、社会财富创造。坚持"创新来源于市场化导向,成果体现在企业报表中"的发展理念。三是研究开发产业一体化。新型研发机构构建了应用研究、技术开发、产业化应用、企业孵化于一体的创新链条,研究、开发产业相结合,实现产业与科研的良性互动。

五、微创新生态理论

作为国家创新生态理论,以及区域、产业创新生态理论的拓展应用,以中国科学院深圳先进技术研究院为代表的新型研发机构探索出微创新生态理论。该理论认为,新型研发机构是国家创新系统的重要主体,在和其他创新主体的协同互动中发挥作用。同时,新型研发机构本身由多方主体共建,与政产学研金服用各方主体协同,整合科技、人才、资本、项目、产业等各种资源,覆盖科学研究、技术开发、成果转化、科技投资、产业发展等多种功能,形成了集成科研、孵化、资本等功能的微创新生态系统。

微创新生态模式是新型研发机构擅长科技成果转化和高科技企业孵化的关键。因为这种模式将各种要素集成于组织内部,降低了交易成本,并且实现了创新链条的全覆盖。新型研发机构微创新生态模式的打造是基于研发能力的,即研发能力是核心能力,围绕研发能力扩展投资、孵化等其他能力,最终形成微创新生态的科技成果转化和孵化模式。这种模式与之前的只做科研,然后向企业转移技术的模式相比,具有更高的成功率。

目前,中国科学院深圳先进技术研究院已初步构建了以科研为主,集科研、教育、产业、资本为一体的微型协同创新生态系统,由8个研究平台、国科大深圳先进技术学院、多个特色产业育成基地、多支产业发展基金、多个具有独立法人资质的新型专业科研机构等组成。实现了技术需求方和技术供给方的有效结合。

第三章 新型研发机构建设运行的机制探索

在政府、市场及各方力量的共同推动下,新型研发机构呈现出蓬勃发展的态势,涌现出一批特色鲜明、形态多样的新型研发机构。这些新型研发机构体制机制创新和科技创新能力强,创新成果突出,对区域经济社会发展贡献大,为各地新型研发机构树立了标杆。为把握新型研发机构发展的一般规律,为新型研发机构发展提供经验借鉴,本章选取一批影响力大、绩效显著、体制机制灵活的典型新型研发机构作为样本(详见附录1),在对这些新型研发机构公开资料进行梳理的基础上,以科技创新理论为指引,研究影响新型研发机构创新发展的主要因素,运用矛盾分析法研究新型研发机构发展需要处理的基本关系,并从理论和实践相结合的角度总结典型新型研发机构所具有的显著特征。

第一节 影响新型研发机构创新发展的主要因素

国内外实践表明,新型研发机构能否成功不是简单依靠倾斜投入和保护性政策,而是取决于外部环境、自身机制等内外诸多因素。从诸多复杂因素中辨识出关键影响因素,不仅有助于新型研发机构的自身发展,也有助于政府强化政策支持和治理。

新型研发机构发展的影响因素,总体上可以分为外部因素和内部因素。外部因素主要是指经济社会及科技发展环境等对新型研发机构的影响,可以分成区域层面、国家层面和全球层面3个层面,内部影响因素主要包括体制机制等方面。

一、影响新型研发机构创新发展的外部因素

创新活动内生在整个经济社会系统之中，政治、经济、社会、文化、生态等各种因素都会影响新型研发机构的发展。外部因素可以从区域层面、国家层面和全球层面来看。

（一）区域层面

外部因素中影响最直接的是区域创新环境，包括产业环境、市场环境、政务服务环境、硬件基础设施、创新文化等。新型研发机构服务于本地产业技术升级和发展的需求，具有较强的技术需求引致性。在国家及区域经济社会发展的技术需求驱动下，新型研发机构开展具有针对性、导向性的研发任务，通过实现研发成果转化，为区域产业经济发展贡献价值。为满足市场需求，新型研发机构可以灵活根据市场需求调整研发任务，及时适应市场环境变化，为产业发展提供急需的技术成果。区域产业技术环境作为新型研发机构的外部生长土壤，也为其发展提供基础的要素资源、发展动力、应用场景和政策支持。良好的技术创新环境是进行技术创新和创新传播的前提，技术创新环境包括完善的公共服务体系和健全的集群网络结构，公共技术平台、信息平台和人才储备，以及企业、高校、科研院所之间产学研密切合作的机制等，良好的技术创新环境是政府、企业及相关机构共同营造的，创新体系各方主体发挥重要的作用。

（二）国家层面

国家层面的发展理念、发展战略、发展规划、发展政策都会影响新型研发机构的发展。这里的政策不仅指科技政策，还包括产业政策、教育政策、金融政策、人才政策等，重点包括国家科技创新战略和规划、科技创新政策体系、科技创新治理和体制机制改革、科技创新基础设施和体系建设、科学技术与教育人才状况等的宏观情况。新型研发机构的诞生发展与我国整体的科技政策是分不开的，20世纪80年代开启的科技体制改革，实际上创造了新型研发机构发展的科技和政策土壤。为了鼓励新型研发机构的发展，中央及地方政府纷纷出台支持文件，加强技术创新环境优化，为研发机构稳定发展营造了良好氛围。

（三）全球层面

全球层面的产业趋势、政治格局、技术合作、跨国贸易等都会影响新型研发机构的发展。①新型研发机构作为未来产业的培育平台：当前新一轮科技革命和产业变革正蓄势待发，生物、新能源、新材料、人工智能等技术领域不断取得突破，新技术的产业化将产生新的产业部门，催生新的经济增长点。②新型研发机构作为国家提升科技竞争力的能力平台：经济全球化在曲折中发展，新冠肺炎疫情加剧了西方发达国家制造业回流的趋势，美国对中国的科技脱钩将在更大范围内展开，新兴国家依托廉价资源优势加快承接中低端制造业转移，中国在全球产业链、创新链和贸易体系中的地位将受到巨大冲击。③新型研发机构作为我国产业转型升级的技术供给平台：我国产业整体处于价值链低端，关键技术受制于人，在逆全球化的外部压力下，实现关键核心技术的安全自主可控成为必然选择。新型研发机构在全球宏观环境影响下，将面临机遇和挑战并存的局面，未来将重点在新兴产业培育、关键核心技术突破等方面发力。

二、影响新型研发机构创新发展的内部因素

（一）明确功能定位是新型研发机构的基本要求

明确的研究领域和功能定位为新型研发机构的发展指明了方向，是影响新型研发机构创新发展的主要因素。以弗劳恩霍夫协会为例，该协会面向产业界现实需求，围绕企业发展中所遇到的技术难题，提供技术和产品研发服务，定位于应用型研究，主要从事技术和生产工艺的开发与优化、新技术推广、产品测试、科技评估、认证服务等科技研发和服务工作，同时依托协会自身强大的研发实力，面向未来产业开展导向性研究。明确的研究领域和功能定位是新型研发机构核心竞争力的关键，也是其发展的重要成功经验。中国科学院深圳先进技术研究院将科教融合放在核心的位置，一方面强调产业牵引、学术引领、交叉融合、集成创新，另一方面强调科研离不开学术。在开展科研的过程中聚焦工业技术开发，较少涉及基础研究内容，这也是中国科学院深圳先进技术研究院成功的关键。另外，中国科学院深圳先进技术研究院坚持公立研究机构定位，体现研究活动的公益性，不与民间企业争利，这对其长远发展也具有至关重要的作用。

（二）多元协同参与是新型研发机构的主要特色

从我国新型研发机构发展的经验来看，典型的新型研发机构在运营上更加注重多方、多领域协同，更加注重产学研等一体化发展，在资金投入方式上多元化，更加注重技术、市场、管理、制度等的全面协同。新型研发机构创造了分工明确、高度协作的政产学研合作模式，突破了"研究成果—产业化"的简单线性模式，朝着网络化、虚拟型的协同创新模式发展，为政产学研合作，各方在协同创新网络下保持长期稳定、互惠互利的协作关系提供了条件。政府发挥牵头协调、整合各方资源的作用，给予新型研发机构充分的建设运营资金和政策支持，保证新型研发机构的独立性和积极性；高校（科研院所）以科研成果、知识产权、仪器设备使用权等注资新型研发机构；在新产品开发、产业孵化和培育、产业链构建和产业基地建设等方面与社会资本进行广泛合作，有效加快科技成果转化和产业化进程。

（三）完善体制机制是新型研发机构的运行保障

管理体制机制上的创新是新型研发机构的重要特征，主要体现在组织架构、人才引育机制、项目运行机制、管理机制等方面。在组织架构方面，新型研发机构采用决策与执行相分离的模式，顶层管理决策层由院长、执行委员会等组成，其下通常采用扁平化形式设立研究所、成果转化平台、企业孵化器等职能部门，实现了功能的明确划分及内部关联互补。在人才引育机制方面，新型研发机构大多引进和培养精通科学研究、技术研发和成果转化的，有强烈创新创业欲望的拔尖复合型创新人才，形成人才高地，保障新型研发机构的顺利运行。在项目运行机制方面，其更加注重产业同科研的联系，强调研发商业价值的实现。在内部管理上，普遍采用扁平化管理模式，相比于按照功能划分的"金字塔形"垂直管理模式更能体现以团队为核心的管理理念。不仅如此，新型研发机构还具有市场化的盈利模式。

（四）坚持创新驱动是新型研发机构的根本路径

实施创新驱动战略是新型研发机构创新发展的基础，也是新型研发机构创新发展的本质要求。新型研发机构以促进产业技术创新、服务区域经济需要为己任，因此新型研发机构的技术研发、成果转移、产业化的效益应作为其重要发展导向和考核指标。新型研发机构以市场需求为导向，进行人力、物力、财力的配置，不再是传统的按"人头"或"山头"分配，而是围绕服务重点产业发展或开辟新产业的发展需要进行配置，做到产业链、创新链、资金链融合发展，不管采用何种方式，坚持创新驱动都是新型研发机构发展的根本，也是新型研发机构创新发展的力量之源。

第二节 建设新型研发机构需要处理的基本关系

新型研发机构不同于传统科研机构组织，在其建设和发展过程中面临很多新的重要问题，新型研发机构需要在功能定位、主体分工、运行机制、管理界面、创新链条、主攻方向、资金来源、发展动力等方面，处理好每个关键问题涉及的基本关系，以更好地发挥新型研发机构的优越性和先进性。

一、功能定位方面的关系

在功能定位上，新型研发机构要处理好基础研究、技术开发、创业孵化、科技投资、产业培育之间的关系。新型研发机构的突出特征和优势为融合多种创新功能和创新环节于一体，打通创新链条，实现成果转化及科技经济的结合。一般而言，新型研发机构需有人才集聚、有技术源头、有创业流量、有产业组织、有产业资本、有科技服务，也就是以人才培养与流动、技术价值转移与实现为基石，将研发创新、创业孵化、成果转化、科技金融、技术服务、产业培育等功能有机结合。具体而言，强化技术研发与技术熟化、创业孵化与产业育成、成果转化与人才流转、科技金融与科技服务等功能，促进硬科技研发与高科技创业相结合、财政投入与产业资本相结合、科学家与企业家工程师相结合、新兴产业组织与科技服务集成相结合。因此，新型研发机构要处理好核心能力和综合能力的关系，实现在专业能力基础上的综合能力拓展，即新型研发机构一方面要结合自身情况突出重点和特色，在功能定位上要发挥优势，突出核心功能，另一方面需要基本覆盖基础研究、共性技术研究、商业应用研究、商品开发、工艺开发、产业化的创新全链条，实现技术创新前端、中端、后端的贯通。

二、主体分工方面的关系

新型研发机构大多由政府、高校院所、企业等多元主体合建，各主体之间通过互相协同，共同促进新型研发机构的发展。新型研发机构要协调不同主体之间的差异和冲突，有效促进不同主体的协同。不同主体有其特殊性，在新型研发机构发展的不同阶段、不同环节发挥不同作用。要建立产业导向、市场牵引、政府引导、企业主体、院所支撑、机构加持的发展结构与发展机制。从技术生命周期上来看，高校院所聚焦技术供给和人才培养，政府注重在调节市场失灵、培育市场、政策引导方面发挥作用，重点加强对产业技术中前端研发（基础研究、共性技术、中试加速）的支持，企业、资本等市场主体则要着重发挥资源配置的主导作用，中后端研发（商业应用、转移转化、产业化）需要更多地交给产业企业和市场，产业企业与高校院所之间需要有更多的股权纽带、商业关系与生态关系，这就需要发挥新型研发机构的作用。

三、运行机制方面的关系

新型研发机构是典型的混合性机构，要处理好市场化、企业化、事业化之间的关系，核心是在纯公共产品、准公共产品、私人产品之间寻找平衡点。无论是以往自筹资金、自由组合、自主经营、自负盈亏的"四自"机构，还是近年来无级别、无经费、无编制的"三无"单位，抑或是不完全像大学、不完全像科研院所、不完全像企业，不完全像事业单位的"四不像"单位，都是发展新型研发机构有益的尝试与实践探索。在纯公共产品供给方面，可在局部实施事业化运作。在准公共产品及成熟产品供给方面，坚持企业化运营、市场化运作机制。在整体上坚持市场化运营、企业化运作的同时，在局部坚持事业化运行。尤其对于基础研究与人才吸引力薄弱的地区，更需要采用"一家两制"的方法。

四、管理界面方面的关系

管理界面方面的关系是指处理好外部监管、院所治理、项目管理之间的关系，形成"决策+监督+执行"的治理架构，体现专业化治理、自主治理和灵活治理的特点。外部监管层面，投入结构决定治理结构，机构属性决定监管模式，产业导向决定资源配置，考核机制决定目标管理。院所治理层面，涉及决策机制、咨询机制、管理机制、执行机制、组织结构等。具体而言，新型研发机构的治理体系一般实行理事会领导下的院长负责制，辅之以作为咨询机构的专家委员会或投资决策委员会,以及设置行业院所条件平台、产业创新服务平台、支援部门的结构。项目管理层面更侧重于微观管理,包括选题机制、研发机制、分配机制、激励机制、转化机制、盈利机制等一系列微观机制。

五、创新链条方面的关系

新型研发机构在创新模式上覆盖的创新链条的长度要大于传统科研院所。创新链条方面的关系主要是指产业化、转移转化、中试孵化、应用研究、基础研究之间的关系,核心是从中端向前端、后端延伸。新型研发机构要形成覆盖基础研究、共性技术研究、商业应用研究、商品开发、工艺开发、产业化的创新全链条,并在此基础上结合自身情况突出重点和特色。不仅要有正向的链式创新,还要进行市场配置资源的逆向创新,以及垂直型的创业式创新。例如,以往的国家重点实验室主要从事基础性和应用基础性技术研发;国家工程实验室为整个产业发展提供关键核心技术、基础共性技术;国家工程研究中心将科研成果转化为适合规模化生产的共性技术;国家工程技术研究中心偏向促进产业共性技术的工程化、产业化。新型研发机构和这些传统研究机构不同,在以往产业应用技术研发组织上向前端和后端延伸,实现技术创新前端、中端、后端的贯通。

六、主攻方向方面的关系

主攻方向方面主要是前端的基础研究与基础共性技术、中端的关键共性技术与瓶颈技术、后端的一般共性技术与工程技术,核心是为不同的技术提供不同的资源配置与服务供给。

完整的创新链条是从基础研究、应用研究到技术开发和产业化应用的全过程。其中基础研究并不直接提供新产品、新工艺和解决技术问题的具体方案,而是以产出知识为目的,向社会提供新知识、新原理、新方法。基础研究是重大原始创新的重要基础,基础研究所创造的最大效益是通过突破性的新科学发现,并经过长期的演进形成新产业,革命性地改变世界。基础科学研究(包括基础研究和应用研究)对技术创新发挥着越来越重要的作用,成为技术创新的源泉。基础研究所带来的效益不仅限于某一领域的应用研究和产品开发,其更重要的价值在于能以不可预知的方式催生出一些完整的创新生态系统。前端投入以政府买单为主，中端投入以政府、行业自主投入和买单为主，后端投入以企业自主投入和买单为主。新型研发机构主要从事需求导向的基础研究、产业关键共性技术研发、成果转化、技术服务、科技企业孵化等服务，力图通过其特殊位置优势将实验室中的项目更加有效地推向市场，打通、整合基础研究到应用研究再到商品化的创新链条，推动实验室成果对接市场、企业技术进步、产业前进发展。

七、资金来源方面的关系

新型研发机构的发展必须坚持有效市场与有为政府相结合，既发挥政府在启动建设方面的支持作用，又发挥市场在可持续发展中的决定作用，在市场中形成产业"造血"能力。具体来看，政府对于新型研发机构不同的功能和服务板块采取不同的支持方式。对于纯公共产品供给板块，如竞争前技术研发、关键共性技术研发，政府要以科技项目和公共采购的方式予以补贴，而对于有市场化前景，已经进入或部分进入到产业化阶段的项目，则以部分支持或争取企业、投资机构等市场化支持。在新型研发机构建设的起步阶段，应加大财政资金投入，重视对投资建设、人才队伍、产业技术中前端研发的支持。在发展阶段，逐步减少财政资金支持，引导其依托产业资本、社会资本开展中后端研发，强化创业孵化、技术服务、专利运营、股权投资等增值功能。在成熟阶段，要探索财政资金有序退出机制，引导其与产业、企业、高校院所建立股权纽带、商业关系与生态关系，形成产业发展支撑反哺科技创新和"自我造血"的可持续发展能力，实现资金来源多样化和没有政府补贴情况下的收支平衡。

以台湾工研院为例，其经费来源为政府和工业界，其中政府经费用以建立基础研究环境、执行应用研究项目计划、辅导中小企业。工业界经费用于执行合作开发或委托项目。他们认为前者建立技术能力，有利于长远发展，而与企业合作和契约，可以彰显台湾工研院效益。均衡发展攸关台湾工研院持续发展能力。台湾工研院把政府经费和企业经费的比例作为重要指标，逐步形成1∶1的财务政策，这成为台湾工研院管理的特色。公共科研投资，可视同高速公路相似的基础建设，其效益是间接效益，也具有经济加成乘效应的社会效益。据统计，政府以科技项目对台湾工研院投资，可以促成3～12倍，平均6.6倍的民间投资，发挥了放大撬动作用。

八、发展动力方面的关系

新型研发机构克服避免了线性科研范式的不足，兼具巴斯德象限研究特点，更加突出需求导向，形成技术驱动和需求牵引双重动力。新型研发机构开展科技创新的动力有多个源头，是技术推动和需求牵引"两条腿走路"的结果。技术推动以技术为源头，逐步往市场推动，是技术导向性产品开发，以技术人员为主导，合理性高，容易计划管理。新型研发机构进行的大都是前瞻性和共性技术的研究开发，开发成功以后再通过各种方式向企业转移，即强调集中引进和研究开发技术向产业界转移和扩散，如技术转移、成立衍生公司、孵化创新企业都是新型研发机构的重要功能。发展动力则更多以需求为源头，需求牵引以市场为主导，逐步向科技端迈进，能充分了解市场动态。需求导向和问题导向的科技研究已经成为解决当前制约我国经济社会发展的重大科技问题的重要路径，也将成为科技体制机制改革方向，成为科技资源配置模式、科技活动组织模式、科研人员考核方式的导向。以江苏省产业技术研究院为例，该研究院与细分领域龙头企业合作成立联合创新中心，探索、提炼出企业"不能独立自主解决"和"愿意出钱寻求解决方案"两个"真需求"标准，已凝练提出技术需求，达成技术合作。

第三节　典型新型研发机构具有的显著特征

创新（包括体制机制创新）、政府导向、多元主体、市场化运作、现代化管理模式、资源整合、产业创新延展、搭建完整创新链、产学研协同是新型研发机构的共性特征。纵览国内不同区域新型研发机构的成功经验，典型新型研发机构大多在战略导向上体现"四个面向"，在支持力量上得到多方支持，在发展动力上坚持"双轮驱动"，在资源配置上做到"三手协同"，在要素支撑上坚持人才为先，在创新合作上注重面向国际，在创新活动上打通全创新链，在双链融合上持续深度探索，在发展依托上坚持融入区域创新生态 9 个方面的显著特征。

一、在战略导向上体现"四个面向"

以习近平同志为核心的党中央深刻把握新一轮科技革命和产业变革的大势，作出我国科技发展要"面向世界科技前沿、面向经济主战场、面向国家重大需求、面向人民生命健康"的战略部署。"四个面向"为我国科技事业发展指明了前进方向，也为新型研发机构发展提供了行动指南。新型研发机构作为科技创新的主力军，在功能定位上也应该体现"四个面向"。

新型研发机构要面向世界科技前沿，加强基础研究和应用基础研究，强化原始创新。新型研发机构要坚持目标导向与自由探索相结合，突出从 0 到 1 的基础研究。新型研发机构要瞄准前沿重大科学问题，特别是重大新兴交叉方向，开展基于好奇心驱动的自由探索，努力在原创发现、原创理论、原创方法上取得更多重大突破。更为重要的是要构建从产业发展、国家安全、民生改善的实践中凝练基础科学问题的机制，紧紧围绕经济社会发展的重大需求，从中发现重大科学问题，并解决好这些问题，弄通"卡脖子"技术的基础理论和技术原理，以应用研究带动基础研究。中国科学院深圳先进技术研究院积极探索基础研究和科技创新双重突破路径。2018 年，中国科学院深圳先进技术研究院牵头建设深圳市两大重大科技基础设施：脑解析与脑模拟、合成生物研究；牵头建设的深圳先进电子材料国际创新研究院、深圳合成生物学创新研究院、深港脑科学创新研究院三大基础研究机构均在 2019 年正式揭牌成立。

新型研发机构要面向经济主战场，把做优做强实体经济作为主攻方向。创新驱动高质量发展，必须促进科技创新与实体经济深度融合。科技攻关要坚持问题导向，奔着最紧急、最紧迫的问题去。新型研发机构要聚焦主导和先导产业创新发展目标，遵循产业发展规律，着力解决经济发展面临的基础性、前瞻性、战略性技术问题，为产业转型升级提供技术支撑。面向经济主战场，关键是抓好科技成果转化应用"最后一公里"，推进科技创新与经济发展，特别是实体经济深度融合。据公开信息显示，截至 2020 年底中国科学院深圳先进技术研究院人员规模达到 4900 余人，已累计承担各项经费 135 亿元，承担项目 8027 项，申请专利超 1.2 万件，授权 4903 件，PCT 国际专利申请为

2137 件，转化率达 27.5%，产业界合作金额累计超 29 亿元，建立企业联合实验室 180 家，孵化企业 1346 家。其风投基金在高端医疗设备、精密仪器、高新软件等领域进行了多项股权投资并获得较高回报，其中联影科技、中科强华等企业更是成为细分领域的领导品牌。

新型研发机构要面向国家重大需求，加快开展关键核心技术攻关。关键核心技术关系产业安全、经济安全、国家安全。抓攻关应先抓需求，聚焦重点产业技术需求，分析凝练出关键核心技术攻关动态清单。为此，要坚持问题导向、需求导向相结合，集合精锐力量协同攻关，依托最有优势的创新单元实施一批具有前瞻性、战略性的国家重大科技项目，着力突破关键核心技术，尽早把短板补齐，把长板拉长，加快推动高质量发展。

新型研发机构要面向人民生命健康，提供充分的科技保障，不断提高人民生活品质。人是科技创新的第一要素，也是科技工作服务的对象，面向人民生命健康是推动科技产业发展的根本价值取向。维护人民生命健康，必须提升健康科技创新整体实力。新型研发机构应该坚持把保障人民健康技术的研究放在优先发展的战略位置，聚焦重大公共卫生事件应对、重大疾病防控、食品药品安全保障、生态环保等民生领域问题，为人民生命健康提供日益充分的科技保障。

二、在支持力量上得到多方支持

新型研发机构在支持力量上得到共建各方大力支持，通过"民办官助"科研体制形成民间和政府的科研合力，通过社会化多元组合增强科技创新能力，通过牵头单位的大力支持拥有良好的启动建设条件。

通过"民办官助"科研体制形成民间和政府的科研合力。"民办官助"作为新型研发机构最鲜明的体制特色，能够将民间科研资源和政府科技资源很好地整合起来，充分调动民间和政府的科研积极性，形成快速提升科技研发能力和促进科技发展的强大合力。"民办"是新型研发机构的一个特征，决定了其身份的基本性质，既不是国有，也不是事业单位，没有政府主管部门，更不是企业，而是以民办非企业身份在当地民政部门登记注册，却采用市场化运作的机构。这种"民办"体制最大限度避免了以往各种体制性束缚，大幅提升了研发主体的独立性和自主性，有利于提高研发机构的研发水平和整体创新效率。主要体现在自主选择科研方向、自主组建科研团队、自主实施科研管理体系等方面。"官助"是新型研发机构体制的另一个特征。新型研发机构所从事的科技研发活动，大都具有高投入和高风险的特点，社会上的营利性资金既不愿进入，也难以进入，因此势必需要政府的财政资金予以大力资助。例如，深圳市政府以无偿支持、平台建设、国家专项配套、项目专项等方式，已累积资助深圳华大基因研究院约 2.5 亿元。对于深圳光启高等理工研究院，广东省财政给予 4000 万元的创新团队资助，深圳市政府则在予以免费使用软件大厦 12 000 平方米场地的基础上，又资助了 5000 万元的设备购置专项资金、4000 万元的省团队配套资助资金、2700 多万元的实验室装修专项资金、1000 万元线路扩容改造资金等。

社会化多元组合增强科技创新能力。新型研发机构作为培育和发展战略性新兴产业的技术支撑，以及形成未来新的经济增长点的关键因素，在创办和发展的过程中，不仅得到了政府的大力支持和资助，而且机构自身广泛利用全社会各种创新资源，实现了科技创新能力的快速增强和新型研发机构的超常规发展。一是构建了社会化、多元化的创新主体。新型研发机构作为一个科技研发的创新主体，是由政产学研资多方面组成的一个社会化、多元化的创新主体，各方不仅共同投入资源，创立和建设新型研发机构，且以理事会的形式形成了各方有机结合的决策模式，形成了社会化、多元化的创新合力，增强了新型科研机构的科技创新、科技成果转化和产业化，以及自身生存发展的能力。二是争取政府资助与政策支持。政府资助和产业政策支持是新型研发机构科技资源的一个主要来源。对于新型研发机构，各地政府在土地使用、人才引进、设备购置、税收优惠等方面给予了有力的支持。此外，新型研发机构还通过竞争来获得科研项目和研发经费。三是吸引多方资本投入。为了加快科技成果转化和产业化的进程，带动新兴产业的发展，新型研发机构特别注重以市场运作方式吸引社会资源投入，我国已有一部分基金在关注投资早期硬科技创业，对新型研发机构的支持力度也在不断加大。深圳光启高等理工研究院、深圳华大基因研究院等新型研发机构都在各自的产业领域主导发起和成立了产业联盟、产业基金，积极开发建设产业基地，而且还走出去，进行各种跨地区、跨行业的多方合作。

牵头单位为新型研发机构提供了强大的资源支持。以中国科学院深圳先进技术研究院为例，中国科学院作为其上级单位，对其发展给予了极大的支持，让这个科研机构在深圳这片改革开放的沃土上大胆进行体制机制的探索与创新。在理事会制度建设上，中国科学院积极支持推进理事会领导下院长负责制的管理制度，为中国科学院深圳先进技术研究院的体制机制探索提供了制度保障。在人力资源管理体系上，中国科学院深圳先进技术研究院自建院以来就实施全员岗位聘任制及末位淘汰制、协议工资密薪制，科研人员的薪酬标准参照深圳同类机构的标准制定。在其体制机制探索面临争议及非议时，中国科学院能够继续坚定支持中国科学院深圳先进技术研究院的探索实践，给予了其充分的创新探索空间。

三、在发展动力上坚持"双轮驱动"

习近平总书记反复强调了体制机制创新对科技创新的关键促进作用："必须坚持科技创新和制度创新'双轮驱动'，以问题为导向，以需求为牵引，在实践载体、制度安排、政策保障、环境营造上下功夫，在创新主体、创新基础、创新资源、创新环境等方面持续用力，强化国家战略科技力量，提升国家创新体系整体效能。""坚持科技创新和制度创新'双轮驱动'，就是要破除制约科技创新的体制机制障碍，把创新驱动的新引擎全速发动起来。""如果把科技创新比作我国发展的新引擎，那么改革就是点燃这个新引擎必不可少的点火系。我们要采取更加有效的措施完善点火系，把创新驱动的新引擎全速发动起来。"

与传统守旧的研发机构不同，新型研发机构就是坚持"双轮驱动"的典范，除了不断从事前沿技术的研发，新型研发还通过持续的体制机制创新，保持生产关系上的先进性。以用人机制为例，传统科研机构基本上按照学历、职称、资历、身份等事业标准用人，而新型研发机构按照能力、效益等企业标准用人。在科研资源分配上，传统科研机构要素资源依赖于政府行政渠道配置，容易造成不合理配置，而新型研发机构实行市场化配置，是区别于传统科研机构的显著标志，主要表现在以下几个方面。

一是实行理事会领导下的院（所）长负责制。新型研发机构是以政府为引导，以理事会为领导，实行院（所）长负责制。这种机构一般是由企业、高校、科研院所共同参与、共同集资建立而成的，理事会由政府、高校、科研院所、企业及专家等组成，享有绝对的决策权。院（所）长公开聘任，负责日常的研发组织工作。理事会决策机制是新型研发机构去行政化的主要形式，本质上是由多方参与的科技财政资源审批及配置权、科研机构管理自主权、科研人员学术自治权等决策机制的总称，目的是建立科学合理的科研机构治理机制，以制度和法律手段界定行政和学术边界，使学术回归应有的主导地位。

二是明确的功能定位是发展的根本保障。新型研发机构抛弃了传统多重考核的要求，明确了功能定位。正因为功能明确，新型研发机构能够严格按照科学的发展规律来对管理体制进行设计和资源配置，也有助于政府根据企业的个性化需求采取差异化资助措施，从而更有力地促进研发机构积极创新。

三是创新链与产业链相互对接。立足创新范式变革，更加畅通基础研究与产业发展的融合。新型研发机构打破了服务型科技创新单纯注重某个环节的局限性，建立了一套从上游创新源头到下游产业化的全产业链对接体系。创新链与产业链对接的模式集服务、研发于一体，不仅提升了研发动力，而且推动了技术转移转化，对于经济发展大有裨益。通过共同出资、合作研发、平台共建、技术入股、兼职创业等不同方式，统筹资源，探索跨学科、跨主体合作的协同攻关模式，加强产学研协同创新。

四是形成符合科技发展规律的运行机制。新型研发机构要遵循科技发展规律，探索激励创新的运行机制。在重点科技攻关项目中采取"揭榜挂帅"制度。"榜单"体现了重大需求的导向，"挂帅"体现了竞争机制的手段，"揭榜挂帅"体现了解决科技问题的机制。让市场主体来出题，科研单位来答题，这样能确保科研成果真正能够转化为生产力，解决长期以来科研与生产"两张皮"的难题。试点推进"赛马制"项目组织方式，通过先平行立项、后重点聚焦、优中选优的模式，以及设置阶段性考核目标的方式，建立关键核心技术攻关动态竞争机制，实现了从多个团队中筛选出最优团队承担攻关任务的目的，更有利于激发创新活力，有效降低技术选择风险，提高了项目成功率和经费利用率。探索实行经费包干制，精简经费预算科目，让主帅能自主决定项目经费使用。北京生命科学研究所、深圳华大基因研究院以科学研究的实际贡献来评价研究成果，设立了有利于科研人员自由探索的考核机制，项目立项瞄准产业发展需求，科研过程注重用户的参与，最终实现满足产业需求与发展的目的。

五是新型研发机构树立现代化人才管理理念。新型研发机构建立利益和风险共担的人才激励机制，探索柔性化、多元化的人才引培模式。强化收益分配激励。建立市场化绩效评价与收入分配激励机制，鼓励成立轻资产混合所有制公司，支持科研人员兼职创新创业，成果转化收益主要用于科研投入与团队奖励。以市场化手段开展人才选拔与聘任，探索柔性引才引智机制，以设立海外研究机构、建设战略合作关系、探索项目经理责任制等方式，面向全球吸引创新人才。

四、在资源配置上做到"三手协同"

美国、欧盟、日本的科技创新治理实践表明，创新生态系统中强政府、强市场、强社会的"三强"并立，是科技先进国家和地区的鲜明特征。新型研发机构在资源配置上具有"三手协同"的显著特征，重点强调"市场的决定性作用"，突出政府的关键作用和"战略意志"，发挥社会各方的"统筹协调"，处理好市场无形之手、政府有形之手、社会协作之手的关系，形成市场、政府、社会"三手协同"的科技创新治理体系。市场的决定性作用要求给市场充分的时间选择技术路线（对政府而言，法无授权不可为；对市场而言，法无禁止皆可为），防止市场崩溃，危害科技安全，培养和凝聚一大批真正的企业家，支持企业提升创新机会的发现和捕捉能力；突出政府的关键作用和"战略意志"，要加快构建完善目标清晰、结构合理、配置高效的科技计划体系和财政科技投入机制，要求政府部门应在战略必争的科技领域探索实施战略单项计划，其关键是形成创业型政府的建设路径；注重社会各方的"统筹协调"，主要是探索通过购买服务方式，发挥协会、学会、基金、民营非企业机构等科技类社会组织的作用，发挥科技创新社会组织提供高效公共科技服务的作用，形成政府与政府、政府与市场、政府与社会的开放、联动和协同机制。

最为重要的是要推动"有效市场"和"有为政府"更好结合。要充分发挥市场在资源配置中的决定性作用，通过市场需求引导创新资源有效配置，形成推进科技创新的强大合力。要更好发挥政府作用，优化科技资源配置，提高资源利用效率，促进各类创新主体紧密合作、创新要素有序流动、创新生态持续优化，提升体系化能力和重点突破能力，增强创新体系整体效能。

一项高科技从研究到开发，再到技术转让和产品上市，需要跨越产品中试和上市、企业创业生存两个"死亡之谷"。在创新链的不同阶段，需要政府、市场、社会按照各自的优势进行分工。在基础研究阶段，作为具有正外部性的公共物品，市场供给必然出现短缺，政府的主要职能是构建有利于成果转化的法律、政策、文化、社会等生态环境，加强服务、搭建平台，在一些关键环节和领域加强引导，纠正市场失灵；在商业化产业化阶段，私人性质越来越明显时就应当逐步交给市场，按照市场规律，充分发挥企业在技术创新和成果转化中的主体作用，最大限度地发挥市场的决定性作用；在研发中试孵化的中间阶段，也是产业链与创新链结合的敏感关键阶段，具有半公共物品的性质，此时政府与市场必须相互配合才能打通融合的双向通道，社会各方主要在整个创新链条上发挥"统筹协调"的作用，为创新活动提供服务。

五、在要素支撑上坚持人才为先

创新驱动实质上是人才驱动。人才是创新的第一资源。人才是创新活动中最为活跃、最为积极的因素，谁能培育和吸引更多优秀人才，谁就能在竞争中占据优势。习近平总书记指出，世界科技强国必须能够在全球范围内吸引人才、留住人才、用好人才。我国要实现高水平科技自立自强，归根结底要靠高水平创新人才。

在引才重点方面，新型研发机构要坚持以用为本、按需引进，不断完善团队引进政策，加大"领军人才＋团队"引进力度，重点引进能够突破关键技术、发展高新技术产业、带动新兴学科的战略型人才和创新创业领军人才。新型研发机构要制定更加积极的国际人才引进计划，积极引进海外优秀人才，吸引更多海外人才创新创业。要加强"高精尖缺"人才引进，主动发起国际大科学计划和大科学工程，拓展国际交流合作的范围和渠道，更好汇聚全球智力资源和创新要素。要依托重大项目和高水平科研基地，锻炼培养能把握世界科技大势、研判创新方向的战略科技人才。

在人才评价方面，新型研发机构要形成并实施有利于科研人才潜心研究和创新的评价体系，健全以创新能力、价值和贡献为导向的科技人才评价体系。要根据不同类型科技创新活动的特点和不同学科领域人才成长发展的规律实行分类评价，不搞"一刀切"。对基础前沿研究，突出原创导向；对社会公益性研究，突出需求导向；对应用技术开发和成果转化评价，突出市场导向，形成并实施更具精准性和灵活性、有利于科技人才潜心研究和创新的评价体系。对不同领域、不同阶段、不同岗位人才分类区别评价，关键看创办了多少企业，转化了多少成果，孵化了多少项目。

在人才发展方面，新型研发机构要探索建立以信任为基础的人才使用制度，容忍失败、宽容失败。要革除简单套用行政管理模式，扩大科研人员在科研过程中的技术路线决定权、经费支配权、资源调度权，为科研人员松绑、减负、减压，让科研人员在宽松的科研环境、充足的时间潜心科研，充分释放聪明才智。坚持实践标准，通过"干中学""学中用"，立足科研实践，在科技创新主战场上培养和造就大批高水平科技人才。支持更多科技人才走出国门，开展高水平国际学术交流与合作，积极融入全球创新网络。

在人才环境方面，新型研发机构要营造崇尚创新、鼓励探索、追求卓越、宽容失败的文化范围，让人才心无旁骛、潜心致研。新型研发机构探索赋予科研人员职务发明成果所有权和长期使用权，实行灵活的薪酬制度，形成体现知识价值的收入分配机制。建立健全责任制和军令状制度，实行"揭榜挂帅"，让人才把才华和能量充分释放出来。

中国科学院深圳先进技术研究院"三个一流"的建院目标中，人才一流被列在首位。该研究院采用全球招聘策略，确保65%以上的博士员工从海外招聘，形成了以海外人才为主的格局，具有高度的国际化和开放性。其坚持"但求所用、不求所有"的人才观，通过设立"高级访问学者"岗位，吸纳知名学者非全时工作。多年来，吸引了多位国际顶尖人才和AF教授，涌现出多位顶尖人才，引进了19支创新队伍，铸造华南人才高地。中国科学院深圳先进技术研究院创新人才管理机制，定编不定人的全员聘用制是其管理上的显著特色。其坚持事业单位企业化运作，所有人员实行360度年终考核和末位淘汰制，打破传统科研机构固化的人力资源格局，实现能上能下、能进能出的流动性，既保障了人才队伍的创新活力，又以科技人才输入的形式反哺上下游产业经济发展。

六、在创新合作上注重面向国际

习近平总书记指出，要构建开放创新生态，参与全球科技治理。在全球化、信息化、网络化深入发展的条件下，创新要素更具有开放性、流动性，不能关起门来搞创新。新型研发机构普遍立足本地创新网络，深化国际交流合作，充分利用全球创新资源，坚持"引进来"与"走出去"相结合，积极融入全球创新网络。坚持站在巨人的肩膀上推进科技创新，不在封闭的圈子里搞"小循环",积极在国际创新中搞"大循环",在与各国的相互学习中实现合作共赢。

国际化对新型研发机构具有以下4个方面的积极作用:一是国际技术创新压力带来新型研发机构的技术创新动力。与国际高校、科研机构合作将促使研发机构探索前沿技术、产业共性技术、企业关键技术等,提升国际竞争力;二是推动我国新型研发机构积极参与国际标准建立,通过标准制定打开国际市场,在国际市场中占据更加有利的位置;三是多元化的国际合作将带来国际人才流动,吸引海外高端人才到中国工作的同时,将国内人才输出至国外进行培养与交流,依托人才交流开拓机构间多方面交流;四是研发能力提升、人才流动等一系列国际化措施,将开拓国内研发机构国际视野,建立更加广泛的信息交互渠道,发掘更加敏锐的行业发展趋势研判能力,形成更加高效的服务及盈利模式。

新型研发机构具有国际化的顶尖科技人才、科技成果、技术体系和创新方式,更重要的是开创了一种独特的国际化科技创新与合作发展的方式。

一是瞄准世界科技前沿,从参与到接轨。新型研发机构的创立和起步,有一个显著特点,就是以新兴产业发展趋势为导向,依据自己的专业背景和水平,瞄准该领域的世界科技前沿技术,从参与国际顶尖研发机构的研发项目或国际化合作研发项目开始,到通过取得开创性的世界级科技成果,促使研发能力和研发水平与国际接轨。深圳华大基因研究院就是一个典型代表,他们先从参与世界人类基因组计划(承担1%)开始,再到参与国际人类单体型图谱计划(承担10%),最后达到了能够独立完成第一个亚洲人基因组图谱计划的世界级水平。深圳光启高等理工研究院的创建团队也是先在一些世界著名大学或研究机构参与研究工作,在取得世界级的开创性成果后,才回国组建了研究院,形成了超材料领域世界领先的研发能力和研发水平。

二是开展国际研发合作,从同步到引领。新型研发机构起步以后,由于在各自的研究领域都已达到了与国际一流研发机构比肩的水平,所以具备在世界科技前沿同步研发的能力。为了进一步加快提升研发水平、扩展源头创新成果,取得更多的产业化技术发明,新型研发机构还都特别注重开展各种国际研发合作。在合作中,强调以源头创新为主、以有利于研究院的发展为主、以促进新兴产业发展为主的原则,尽可能在国际研发合作中起主导作用。据了解,近年来深圳市的新型研发机构不仅在国际研发合作中取得了大量的源头创新成果,而且研发能力与水平也实现了从同步到引领的跨越式提高。例如,深圳华大基因研究院,不仅开展了"中荷荷兰人基因组计划""中英2500对同卵双生表观遗传学研究项目""中英万人基因组计划""中国欧盟合作肠道微生物项目",以及多个国家参与的"共生体基因组计划""澳大利亚土著人基因组研究""白菜全基因组研究"等众多国际研发合作项目,而且已成为世界第一大基因组测序与分析中心,具有了一支世界一流的、年轻的产学研队伍,在基因组和生物信息领域处于国际领先水平,并在基础研究和生物产业领域发挥着引领性作用。

三是探索从研发到产业化的国际合作发展模式。新型研发机构要从国际学术交流、人才培养国际合作、建立研发平台、开拓海外产业化和科技服务市场等方面进行探索,利用更多的国际资源。中国科学院深圳先进技术研究院先后组织承办20多次大型国际学术研讨会议和活动;江苏省产业技术研究院先后与哈佛大学、牛津大学、密歇根大学、德国弗劳恩霍夫协会等61家海外高校和研究机构建立战略合作关系,通过海外合作机构设立国际合作资金池,举办专业领域技术对接活动,促进其研究成果到江苏落地转化;深圳华大基因研究院与香港中文大学、哥本哈根大学、加利福尼亚大学戴维斯分校等知名高校开展基因组科学人才联合培养,已培养博士50余人次,硕士80余人次;深圳华大基因研究院与丹麦科学家成立了中丹癌症研究中心、与香港中文大学成立了中华基因组研究中心,相继成立了多个境外分支机构,已与50余个国家和地区的2000多家海外单位开展了国际合作1500余项。

新型研发机构还要统筹处理好自主创新与开放合作的关系。习近平总书记多次强调,关键核心技术是要不来、买不来、讨不来的。在大科学时代,新型研发机构要自主突破,对事关全局的科学问题、技术问题和工程问题进行整体部署,在关键"卡脖子"问题上集中优势力量攻关,确保在前瞻性、战略性领域打好主动仗。新型研发机构还要坚持融入全球科技创新网络,开展广泛的对外科技合作与交流。牵头和组织实施国际大科学计划和大科学工程,打造合作共赢的科学共同体和创新联合体,提高科技创新的全球化水平和国际影响力。

七、在创新活动上打通创新链

习近平总书记指出:"实施创新驱动发展战略是一个系统工程。科技成果只有同国家需要、人民要求、市场需求相结合,完成从科学研究、实验开发、推广应用的三级跳,才能真正实现创新价值、实现创新驱动发展。"习近平总书记的重要论述不仅指明科技创新的需求导向,而且还突出了打通创新链的重要作用。

一般来说,创新以基础研究为起点,以产业化应用为终点,依次经历了基础研究、应用研究、技术开发和产业化应用4个阶段(图3-1)。基础研究不以特定应用方向为目标,主要探索自然规律和科学方法,是整个科学体系源头,是科技进步的先导,是所有技术问题的总开关,其可以分为面向重大科学目标的基础研究、国家需求牵引的基础研究、以人才为本的自由探索型基础研究和以实际应用为目标的基础研究四大类。由于基础研究的公共产品属性较强,市场化应用的风险大,社会效益明显,通常以政府资助为主,研究主体以大学和科研机构为主。应用研究以实现特定用途为目标,利用已有的知识,提出解决问题的整体思路和方案,但不是产业化和商业化的技术开发。应用研究主要提供竞争前的共性技术,以政府资助和企业资助相结合为主,研究主体是大学、科研机构和企业试验开发,以具体市场为目标,以企业投入为主,政府仅对少数影响国家安全的战略产业产品技术开发给予一定资助,或者以国有形式支持其发展。技术开发是为满足特定市场需求,进行产品、工艺技术的开发,这个环节主要是以企业为主,政府以研究开发支出的税收

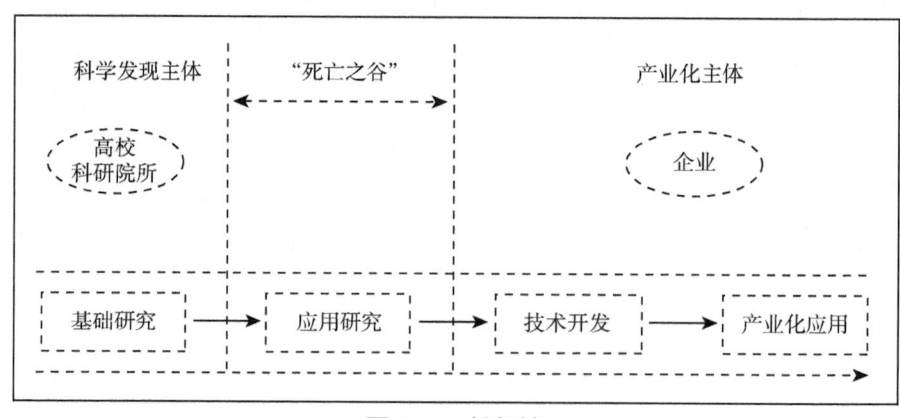

图3-1 创新链

抵扣等普惠性政策鼓励企业增加技术开发投入。产业化应用则是以盈利为目标，进行市场应用和推广，实现商业化和规模化运营，该阶段以风险投资等社会投资为主，政府主要从鼓励小企业发展的角度出发，给予一定政策扶持。

然而，在实践过程中，创新链的运转却并不顺畅。1998 年，美国众议院科学委员会副委员长弗农·艾勒斯提出了"死亡之谷"这一概念。在创新链的上游，由于科学发现活动具有很强的正外部性，创新主体开展科技研发活动难以获得创新活动的全部收益。在创新链的下游，创新成果产业化具有极强的独占性与排他性，市场发挥主导作用，企业是创新主体。因此，在创新链的上下游之间存在着一个过渡地带，这一地带处于由政府主导向市场主导过渡的过程，存在着许多市场失灵、政府失灵问题，导致创新链的上游和下游之间存在着一条鸿沟，即科学发现和产业化之间存在断裂，这种鸿沟或断裂被称为"死亡之谷"。创新链上的"死亡之谷"割裂了上游的知识生产与下游的知识运用的关系，也阻碍了创新活动的价值增值。

基于以上原因，横跨上游、中游与下游的新型研发机构出现了。新型研发机构通过"三发联动"（科学发现＋技术发明＋产业发展），形成"四位体"（科技＋产业＋资本＋教育），突破传统科研组织模式，形成了以补链、强链、延链为使命的新业态。这种新业态以巴斯德象限中应用开发激发的基础研究为驱动力。跨越过程中新型研发机构发挥着两种作用：一是科学发现对产业发展的推动作用，即信息沿着创新链正向流动；二是市场需求拉动科学发现活动，即处于创新链下游的企业，由于市场需要与竞争压力，会产生产品开发与技术发明的需求，这也可以通过新型研发机构传导到创新链的上游。

华中科技大学联合东莞市政府与广东省科技厅，设立了广东华中科技大学工业技术研究院，实现了创新环节由上游向下游的延伸。广东东阳光药业有限公司设立了东阳光药业研究院，实现了创新环节由下游向上游的延伸。上游所获得的科学发现，通过新型研发机构转化为可以用于实践的技术方案，再转化为可以量产的样品，经由下游的企业进行产品生产、推向市场等商业化活动，从而成功跨越"死亡之谷"。中国科学院深圳先进技术研究院实践科技成果"沿途下蛋"模式，打通了"科研—转化—产业"转化链条。"沿途"是指科研到转化，再到产业的持续性过程，"下蛋"是指科技成果能应用转化服务产业，带动经济社会发展。例如，中国科学院深圳先进技术研究院建设合成生物研究重大科技基础设施，能够完成合成生物学的基础、应用、开发的一系列研究，打通从想法到原型的"验证断桥"，实现科技成果从 0 到 1 的突破。首创"楼上楼下创新创业综合体"，支持"楼上"科研人员开展原始创新活动，"楼下"创业人员对原始创新进行工程技术开发和中试转化，并开展技术成果商业化应用，缩短原始创新的成果转化到产业化的时间周期，形成"科研—转化—产业"的全链条企业培育模式。建设光明科学城合成生物产业园，致力于打造一流的合成生物产业发展空间载体，解决科研成果产业化过程中从 1 到 10 后，产品量产建厂阶段的问题。

八、在双链融合上持续深度探索

产业链是客观产品生产制造过程的集合，创新链是推动产业升级的根本力量，产业链和创新链就像是人的身体和大脑，必须相互依存、彼此融合、共同升级。习近平总书记指出，要围绕产业链部署创新链、围绕创新链布局产业链，推动经济高质量发展迈出更大步伐。习近平总书记还强调，要坚持科技面向经济社会发展的导向，围绕产业链部署创新链，围绕创新链完善资金链，消除科技创新中的"孤岛现象"。这些论述深刻揭示科技创新必须与产业发展、经济发展紧密结合，同向发力，协同联动的内在要求，充分体现了双链深度融合的重要性，揭示了产业链、创新链、资金链的层次递进关系，即产业链是链条主导力，创新要围绕产业需求部署和推进，资金要环绕创新过程集聚，产业是整个生态链条的核心和龙头。

新型研发机构在发展过程中要始终坚持推进双链深度融合。一方面，围绕产业链来部署创新链，解决"卡脖子"问题，发挥科技的支撑作用；另一方面，围绕创新链布局产业链，下好"先手棋"，塑造新优势，发挥科技的引领作用。面向产业链上下游高端环节，持续强化关键核心技术攻关，加紧部署创新链，深化产学研用结合，促进科技成果转移转化，加强原材料、关键零部件等供给保障。既要通过"揭榜挂帅"等形式，引导高校院所面向产业现实需求，突破关键核心技术，推动科技成果转化为现实生产力，又通过科学、技术、产业的联动实践，推动新的理论探索和研究转化，形成"科学—技术—产业"到"产业—技术—科学"的双回路，促进科技经济紧密结合，加速理论转化为实践，再丰富理论的进程。

推进双链融合，要强化企业创新主体地位。习近平总书记指出，创新链产业链融合，关键是要确立企业创新主体地位。要增强企业创新动力，正向激励企业创新，反向倒逼企业创新。要让企业成为技术创新决策、研发投入、科研组织和成果转化的主体，即研究课题由企业提出，研究资源由企业贡献，研究成果由企业承接应用。检验企业是否成为创新的主体，主要是看企业在重大规划和任务凝练中，是否发挥了出题者的作用；在重点产品科研攻关中，是否发挥了产学研各方的组织协调的作用；在成果转化中，是否发挥了技术承接应用的作用。新型研发机构要充分发挥企业主体作用，首先要发挥企业参与新型研发机构投资建设的作用，鼓励企业或企业联盟牵头组建新型研发机构，围绕企业和产业关键共性技术开展攻关。其次要发挥企业出题者的作用，新型研发机构的研发方向和领域布局要来自市场、来自企业。最后新型研发机构要发挥成果转化应用的主体作用，就是把新型研发的科研成果在市场中转化应用。中国科学院深圳先进技术研究院以创新为名，历经15年发展，通过探索"楼上楼下创新创业综合体"、创新联合体、强链补链的集群效应等创新模式，寻找疏通基础研究连接产业化的快车道，拆除阻碍产业化的篱笆墙，促进创新链与产业链双向融合，为我国科技创新发展探索出了深圳经验。

促进科技成果转移转化是新型研发机构的核心功能之一。科技成果转化的法律政策制度环境不断优化，为新型研发机构推进技术转移转化，实现双链融合创造了环境和条件。新型研发机构科技成果转移转化最显著的特点如下。一是多主体协同攻关。这是协同式、全链条、全主体协同，依靠利益捆绑形成的高质量系统。创新参与者包括产出知识、技术的高校，技术创新的科研院所，产业化的企业，提供政策支持的政府，提供资金支持的风险投资、金融机构，以及科技服务的科技中介等。覆盖基础研究、技术开发、产品创新、人力资本产出等多个环节，提供人才、资本、技术、信息等多方面的支持，推动实现突破性创新。二是双向互动反馈。新型研发机构采用"自上而下"和"自下而上"双向驱动方式，形成互动反馈机制。"自上而下"驱动方式是指依托高校院所成果积累、基于市场价值实现利益，推动完成中间品测试和产品开发，推动产品市场化。"自下而上"驱动方式是指围绕企业和市场技术需求，新型研发机构通过与高校、科研机构合作，提供技术和服务解决方案。三是市场评价导向。新型研发机构最终以服务产业、技术创新和区域经济发展为目标。在考核评价上，企业委托项目占比要大于政府项目，技术转移、成果转化效益是主要收入来源。这就要求新型研发机构的科学研究与成果转化要紧紧围绕市场需求展开。市场评价导向能从根本上促进科研人员重视成果转化，围绕产业链部署创新链，围绕创新链布局产业链。

九、在发展依托上坚持融入区域创新生态

新型研发机构在发展依托上要融入区域创新生态，这样才能够支撑机构稳定健康发展。一是融入生态找定位。新型研发机构是区域创新生态的重要节点，要在知识创新体系、技术创新体系、成果转化和育成孵化体系、开放创新体系、要素保障体系、环境支撑体系构成的创新生态中精准定位，聚焦前沿技术、瞄准产业应用、打通创新链条、集聚创新资源，以增强区域创新生态的整体效能。例如，东莞华中科技大学制造工程研究院针对东莞的家具、针织、食品、服装、造纸等传统产业的技术需求，自主研发了十几类、几十个系列的行业关键设备，有力促进了东莞产业转型升级。二是构建生态强功能。新型研发机构是政产学研金服用协同创新共同体，是一个涵盖科技、人才、资本、平台、项目、产业等要素的开放的微创新生态系统。新型研发机构要树立生态理念，坚持生态布局，通过系统完备的生态，促进形成体系化的服务功能。三是赋能产业增活力。建立区域产业集群和新型研发机构对接协同机制，加速产业链、创新链、资本链、人才链的对接融合，形成具备基础研究、应用研究、技术攻坚、科技金融、人才支撑的全链条全要素创新生态链，强力赋能区域产业发展。

深度融入区域发展，并且服务区域发展的典型案例是中国科学院深圳先进技术研究院。其置身于粤港澳大湾区，是中国科学院与香港共建的第一个新型科研机构，在建院之初就有着深港合作的"基因"，并利用深港优势互补，集聚了一大批国际高端科技人才，致力于提升粤港地区，以及我国先进制造业和现代服务业的自主创新能力，成为国际一流的工业研究院。据公开信息显示，建设15年来，中国科学院深圳先进技术研究院利用与香港中文大学的共建和港澳的毗邻优势，吸引了12位香港教授在研究院牵头建设研究中心，并与香港中文大学、香港大学、香港科技大学、香港理工大学、香港城市大学、香港浸会大学、澳门大学、澳门科技大学共建了8个联合实验室，在多领域展开科研、教育、产业化等全面合作，畅通跨境科创要素流通，建立了行之有效的体制机制合作模式。

第四章　我国各地发展新型研发机构的路径探索

各地面向产业和经济发展需要，立足当地创新资源现状，从区域创新生态布局出发，通过加大财政资金支持、营造创新环境、优化人才激励制度、保障基础设施建设、支持科技计划项目申报、引入社会金融资本等方式推动新型研发机构发展，形成了较为完善的政策体系和治理模式。本章从理论上阐释政府支持、参与科技创新和新型研发机构治理的理论逻辑，系统梳理代表性区域和城市发展新型研发机构的政策举措、经验做法和具体成效，为新型研发机构政策制定和有效治理提供借鉴参考。

第一节　政府支持科技创新和新型研发机构的理论逻辑

政府作为制度创新和供给的主体，要明确在国家创新体系和科技创新治理体系中的定位，协调好与产学研用的各方关系，处理好与市场的关系，按照"抓战略、抓规划、抓政策、抓服务"的原则，开展新型研发机构战略研究，搞好规划布局和顶层设计，制定、出台支持新型研发机构的政策措施，建设科技创新基础设施，为新型研发机构及科研人才的研发创新活动提供公共服务，为新型研发机构建设营造良好的发展环境，提供有效的制度体系支撑，弥补科技创新的市场失灵和系统失灵。

一、源于市场自身缺陷和市场失灵

在市场经济条件下，市场通过供求、价格、竞争等机制配置资源，具有激励创新、优胜劣汰、调节资源配置的作用。实践经验及马克思、熊彼特等专家学者都论证了自由市场的制度安排对促进企业创新、创造经济增长具有无可比拟的优越性。同时，市场自身的缺陷、市场失灵，以及市场发挥作用需要政府提供条件等，为政府干预和调节经济提供了合理依据。首先，市场经济自身是有缺陷的。以私人利益为动力的自由市场经济存在着不可克服的内在矛盾和缺陷，如盲目性、自发性和滞后性，对涉及国家整体利益的重大活动和国民经济运行的重大比例关系无法有效调节，还易出现寡头垄断、经济危机、贫富分化、生态破坏等问题。其次，市场机制存在失灵现象，如外部性、公共产品、不完全竞争和信息不对称等所谓的市场失灵问题。最后，市场机制运行是有条件的。市场经济正常运行离不开法律体系、竞争规则、宏观环境、社会保障等条件的形成和完善，这就需要发挥政府的作用。以上问题均体现出市场机制的缺陷和不足，由此可知发挥政府职能的必要性。

二、源于创新活动的特殊性

科技创新活动风险高、投入大、周期长，具有不确定性、公共物品属性和正外部性，这无法由市场机制解决。不确定性增加了创新的风险，投资期限长、风险大的项目无法得到市场资源的青睐，缺少创新要素支持。公共物品属性使新技术、新知识在市场机制下容易产生搭便车现象。这种现象难以避免，甚至催生技术剽窃、技术模仿等现象，降低了私人部门的投资意愿。正外部性无法让知识创造者得到合理的补偿而影响其创新积极性，导致创新主体功能不能充分发挥。

首先，需要治理外部性和提供公共产品。经济活动过程存在所谓的外部效应，即经济主体的行为或活动对他人或社会产生了影响，却没有承担相应的成本费用或获得相应的报酬，这会导致资源配置不当。科技创新是从科学发现到技术研发，再到成果转化和商业应用的完整链条。科学发现和基础研究成果具有公共产品属性，社会收益大于私人收益，使得市场主体缺乏创新动力和意愿。市场对基础研究和关键技术研究重视不够，导致周期长、风险高、投资大、无微观经济效益而有宏观社会效益，即在短期内或永远无法实现市场价值的科技公共产品，以及有利于国家安全的基础学科和尖端技术的萎缩，由此造成创新后劲不足。

创新驱动中市场机制的缺陷使政府职能具有必要性。在科技创新过程中，科研基础设施、基础研究、产业共性技术、前沿技术、公益技术和人力资本等具有公共产品属性，单靠市场机制无法充分提供，需要政府的投入和支持。政府要加大对具有较强外部性的科技、人才、教育、培训等的投入力度，或者通过法律法规界定和保护知识产权，使得创新私人收益尽量接近创新社会收益。科研基础设施等公共产品主要由政府供给。投资规模大、运行周期长、市场盈利差的公益性和战略性创新项目，甚至完全依靠政府投入支持。具有正外部性的企业创新活动则在市场利益和企业家精神自发激励的基础上，由政府通过财税、政府采购等政策工具提供必要的激励和补充。

其次，需要维护市场秩序。有序竞争的市场环境是企业主体进行科技创新的动力来源和有效保障。无论是产权的保护，还是交易规则的建立，政府都发挥着关键作用。界定和保护企业的产权，消除企业进入市场的壁垒，引导和参与制定集体行为规则，为其中各类主体创造公平竞争的制度环境，是政府在科技创新发展中的必要职责。在不完全竞争市场状态下，在市场上占主导地位的企业可能通过垄断或联合性行为阻碍技术进步，压制市场创新活力。政府必须以政策手段来打破技术壁垒，鼓励各类企业技术创新。

三、需要建立制度体系对创新主体进行协调以弥补系统失灵

国家创新体系是政府、高校、科研院所、中介机构、协会、企业等主体为了实现创新目标和经济目标，通过相互作用而构成的有机复杂网络。各主体拥有差异化的创新资源和功能定位。其中，高校主要承担自由探索的基础研究，同时发挥基础理论优势，培养科技创新人才；科研院所主要承担需求导向的基础研究，并积极向创新链下游推进，展开关键技术研究；中介机构与协会主要承担科技服务功能，促进科技传播与应用；企业主要推进科技知识应用和推广，创造经济效益并争取社会收益提升。国家创新体系功能的实现依赖于创新链上各创新主体有效开展创新活动，以及各环节价值功能的顺利传递。由于创新合作机制不完善，创新主体缺乏合作动力及合作能力、创新资源缺乏统筹协同、创新链上的功能未能有效实现、不同环节间的创新活动无法实现有效衔接，都会导致创新链断裂，致使国家创新体系整体无效，造成创新的系统失灵。这主要表现在科研机构、高校、创新企业等创新主体

在科研任务承担上存在功能定位不清、交叉重复等突出问题。科研院所、高校、企业等主体之间的协同融通程度低，缺乏政府、社会与各创业创业主体高效互动的交流机制。在创新链中，缺乏基础研究和应用技术研究的有机衔接，直接制约科技成果向现实生产力的转化。各创新创业主体缺乏对关键共性技术、重大战略技术的开发应用和成果转化，对经济发展质量提升效果不明显。

若要提高创新体系的运行效率，就需要加强政府的协调作用，推进创新主体之间的合作互动。由于创新活动的复杂性，使得单一主体难以独自胜任。同时由于创新资源的分散性和市场主体的自利性，单凭市场机制难以保证合作机制高效运转，必须由政府出面协调，解决合作动力不足、成果转化不顺、自成体系分散重复等问题。政府通过战略选择、政策供给、环境营造、资源保障、统筹协调等手段激发创新活力，调节利益矛盾，推动政府、高校、科研院所、中介机构、企业等结合为一个有机整体，凝聚创新合力，使创新成为在分工基础上的彼此合作、相互协调的行为，提高创新效率，降低创新成本，提升创新资源的配置效率及科技创新与社会、经济等方面的发展协同，避免系统失灵。

良好的创新环境和创新文化氛围是国家创新能力提升的先决条件。营造高质量的创新环境，需要法律和政策等制度的有力支撑。从制度创新理论来看，制度创新是激励技术创新的关键因素，其中知识产权是创新领域的基本制度。

现代科研组织具有多元主体协同、开放协作的特性，需要加强制度协调。政府不仅应着力改善制度环境，还应在科技创新链主体缺失等问题上及时补位，特别要弥补好从实验室产品到工厂产品之间关键共性技术转化的短板和弱项。要以加快构建新型研发机构和转化机构为突破点，紧密衔接创新链的上下游环节，破解经济和科技"两张皮"困境。

四、政府在科技创新中的职能定位

政府在科技创新中的职能定位，既要遵循市场经济条件下政府和市场关系的一般规律，也要符合科技创新的特殊需求。辜胜阻认为，政府在国家创新体系中扮演制度创新的角色，为创新活动提供制度和政策保障。陈继勇等学者强调政府通过政策和投入，在创新中发挥导向作用。王德华等学者通过分析系统失灵的作用机制，指出政府应在制定创新战略、提高企业创新能力和推进产学研合作等方面发挥主动作用。贺德方等学者以国家创新体系理论为依据，从政府作为政策制定者角度出发构建科技创新政策体系框架。《系统视角下国家创新体系中的政府作用——基于美国和日本的创新实践》指出，政府作用不仅在于修复失灵，还是整个国家创新体系的领航人。

要正确处理好政府和市场的关系，合理界定二者在科技创新中的作用边界和重点领域。政府发挥作用要以市场配置资源的决定性作用为基础，发挥作用的领域为弥补市场的缺陷和不足。政府作用的目的在于健全和完善市场功能，政府作用的检验标准是市场的正常运行。

从实践来看，各国政府主要通过制定国家创新发展战略和出台重点专项计划等措施，引领国家创新体系发展。一方面，政府要加大要素支持，包括创新资金投入、创新人才培育和创新基础设施建设；另一方面，政府要通过财税优惠政策激励创新主体，加大研发力度，激活创新动力。政府以战略规划加强创新驱动顶层设计，以体制机制创新构建创新激励体系，以统筹协调推进国家创新体系建设，在国家创新体系中发挥着至关重要的作用。制定国家创新系统发展战略和规划并组织实施，统筹协调政产学研金服用各种创新主体的行为和关系；加强科研基础设施建设，提供公共产品和服务，完善公共服务体系，通过公共投入杠杆，矫正由市场选择造成的缺乏协调、公益研究落空的偏差。大力支持基础性研究，重视创新人才的培养；加强市场管理，培育、健全有序规范的技术市场体系，建立高效的创新资源社会配置机制。完善法律体系，维护创新活动的正常秩序。制定创新政策，激励创新行为并促进创新行为的协同。完善对创新活动的宏观监督、绩效评估机制，积极培育创新文化。

政府不仅是创新战略的制定引导者，还是创新活动服务者、公共产品提供者、创新成果消费者，在新型研发机构建设运营的过程中发挥着不可替代的作用。政府的主导与能动作用主要表现在以下方面：制定创新战略，指引创新方向；优化创新要素配置，夯实创新基础设施；激励创新主体，唤醒创新活力；协调创新活动，提升创新效率；强化知识产权保护，构建创新文化，营造良好创新环境；资助重点领域创新，促进多元创新涌现；推进开放创新，引入全球优质创新资源。

第二节　各地新型研发机构探索情况

新型研发机构契合新一轮科技革命和产业变革需要，符合地方创新驱动高质量发展需求，受到中央和地方政府的重视，纷纷出台相关政策规范鼓励新型研发机构的建设与发展。各地新型研发机构快速、蓬勃发展，成为我国区域创新体系的一支重要生力军。本节对各地新型研发机构发展的沿革、措施、政策、成效、经验做法进行了系统梳理。

一、京津冀地区——北京市新型研发机构

北京市聚集了数百所高校，1000多家科研院所，拥有国家级高新技术企业2.9万家，是全球科教资源最密集、创新最活跃的区域之一。

北京市将新型研发机构作为与国家实验室、国家重点实验室、综合型国家科学中心并列的战略科技力量进行布局，在人工智能、量子科学、脑科学、应用数学等领域先后建设了一批新型研发机构，在运行管理机制、财政支持方式、人才引进、绩效评价机制、知识产权成果转化激励、固定资产管理方式等方面深化体制机制创新，适应了科研组织方式新变化，有效支撑科技创新加速突破。

2005年，北京市和科技部联合推动成立北京生命科学研究所，探索与国际接轨的管理运行机制，打造国际一流的基础生命科学研究机构。2014年，北京市出台《加快推进高等学校科技成果转化和科技协同创新若干意见（试行）》，重点支持高等学校和企业通过联合共建产业技术创新联盟、新型产业技术研究院和产业创新园等形式，合作开展科技研发和成果转化。同年，中关村管委会出台《中关村国家自主创新示范区产业发展资金管理办法》，支持中关村科学城高校院所建设的新型产业技术研究院。2018年，北京市印发了《北京市支持建设世界一流新型研发机构实施办法（试行）》，明确了新型研发机构的定义、特征、支持条件，推动建设一批世界一流的新型研发机构。2019年，北京市印发《关于新时代深化科技体制改革加快推进全国科技创新中心建设的若干政策措施》，鼓励企业、社会组织等，通过共建新型研发机构、联合资助、公益捐赠等方式加大基础研究投入；支持建设一批世

界一流新型研发机构，赋予其在人员聘用、职称评审、经费使用、运营管理等方面的自主权。2020年，北京市委书记蔡奇在调研北京智源人工智能研究院等新型研发机构时提出，北京要创新体制机制，释放出科研力量和市场主体的活力，努力建设国际一流的新型研发机构。2020年，《北京加强全国科技创新中心建设重点任务2020年工作方案》正式印发，明确提出要筹建北京应用数学研究院等一批新型研发机构。《北京市"十四五"时期国际科技创新中心建设规划》提出，要持续建设世界一流新型研发机构，强化战略科技力量，加速提升创新体系整体效能。

北京市坚持"四个面向"，聚焦生命科学、量子科学、人工智能等领域，建设了一批专业化新型研发机构，推动成立了北京生命科学研究所、北京量子信息科学研究院、北京脑科学与类脑研究中心、北京石墨烯研究院、北京智源人工智能研究院、北京雁栖湖应用数学研究院、全球健康药物研发中心、北京干细胞与再生医学研究院、北京微芯区块链与边缘计算研究院、中国科学院北京纳米能源与系统研究所等一批前沿科技领域新型研发机构，聚焦原创性研发成果，着力推进前沿基础研究和行业关键共性技术研究，努力实现前瞻性基础研究、引领原创成果重大突破。

北京量子信息科学研究院成立于2017年12月，是由北京市政府联合中国科学院、清华大学、北京大学等高校院所共同组建的事业型新型研发机构，实行理事会领导下的院长负责制，探索"兼聘兼薪"新机制，与共建单位、国内外知名高校院所开展人才共享与兼聘。尝试兼聘研究员在不改变所属单位编制身份前提下"全时全薪"在北京量子信息科学研究院工作的模式。在人才聘任时，不唯职称、学历、论文、奖项等，针对建设目标和重点任务，注重人才的科研和学术能力与潜质。截至2021年底，北京量子信息科学研究院拥有专兼职人员达338人。其中，面向全球公开录用专职员工256人，包括科研人员221人，外籍与海归人员占比约25%。组建了超导量子计算、超快光谱学、低维量子材料、量子直接通信、原子系综精密测量等18支专兼职科研团队。

2018年3月，北京市政府与中国科学院、清华大学等单位联合共建北京脑科学与类脑研究中心，面向全球引进了10位PI和6位技术中心主任，聘用首批合作研究员56人。2018年11月，依托北京大学、清华大学、中国科学院、百度、小米等机构共建北京智源人工智能研究院，聚焦人工智能科技前沿"无人区",在理论、方法、工具、系统等方面力争实现变革性突破。该研究院实施"智源学者计划",成立人工智能伦理与安全研究中心,发布《人工智能北京共识》,在人工智能领域建设了2个北京智源联合实验室。

二、长三角地区

(一)上海市新型研发机构

上海市以建设具有全球影响力科技创新性中心为主线,努力成为科学新发现、技术新发明、产业新方向、发展新理念的重要策源地。近年来,上海市出台各种政策,促进新型研发机构(包括功能型平台在内的一批新型研发机构)加速成长。

早在2000年,上海市发布《上海市"十五"科技和教育发展重点专项规划》,首次在政策文件中提出"集聚科研院所、高校、企业的资源,大力发展各种新型研发机构",并将重点领域的技术研究院、工程技术中心等纳入新型研发机构范畴。上海市将新型研发机构理解为产学研合作的一种载体,揭示了新型研发机构多元参与的特点。2012年,上海市颁布《关于贯彻落实〈中共中央国务院关于深化科技体制改革加快国家创新体系建设的意见〉的实施意见》,针对产业技术创新的薄弱环节,提出了构建应用技术研发体系的构想,提出组建上海产业技术研究院、带动产业技术创新战略联盟发展,支持更多应用型研究机构开展面向企业的研发服务。2017年,上海市市长在调研上海微技术工业研究院时提出,推进研发与转化功能型平台建设,是构筑上海科创中心"四梁八柱"的重要内容。2019年,上海市在《关于进一步深化科技体制机制改革增强科技创新中心策源能力的意见》中提出,要大力发展新型研发机构,形成各类研究机构优势互补、合作共赢的发展格局。同年,上海市发布《关于促进新型研发机构创新发展的若干规定(试行)》,给出了新型研发机构的定义,提出了上海市新型研发机构扶持政策。2020年,上海市通过了《上海市推进科技创新中心建设条例》,提出要支持投资主体多元化、运行机制市场化、管理机制现代化的新型研发机构发展。

截至2019年,上海市已建成或正在培育的功能型平台有近20个,重点面向集成电路、人工智能、生物医药、先进制造等产业方向,提供高水平的研发转化服务。2012年,上海产业技术研究院成立。该研究院先后研发了基于北斗导航定位的太阳能智能公交实时信息发布系统、国内首台同轴送丝激光金属 3D 打印机。2013 年，中国科学院上海微系统与信息技术研究所与上海市嘉定区人民政府共同发起成立上海微技术工业研究院。2017 年，上海机器人产业技术研究院注册成立，通过一年多的运营时间，研究院有全职员工近 60 人，孵化出 5 家企业，联合研发出新型康复机器人等。上海交通大学设立的上海临港智能制造研究院采用企业方式设立，依托上海交通大学在基础研究领域的优势，采用现代化的企业管理制度，以航空航天、新能源、智能装备等为发展方向，积极服务于上海临港的经济发展，近年来先后培育出交大智邦、上海治臻、唐锋科技等具备登陆资本市场潜力的"五朵金花"，引领了当地科技进步和产业发展。

（二）杭州市新型研发机构

杭州市高度重视新型研发机构的建设和发展情况，陆续建立一批具有较强影响力的新型研发机构。2017 年 3 月，杭州市在《杭州市科技创新"十三五"规划》中提出，要推进新型研发机构建设，"支持浙江大学等在杭高校、科研院所在原创知识和基础研究领域发挥核心带头作用，打造世界一流大学，建设一流学科，提高原创性和源头性知识生产能力。发挥杭州创新活力之城优势，建设西湖大学、西湖高等研究院等具有国际先进水平的新型教育、科研机构，引进大批高层次创新人才来杭从事基础研究"。2019 年度杭州市最具影响力新型研发机构名单发布，之江实验室、阿里巴巴达摩院（杭州）科技有限公司、西湖大学（浙江西湖高等研究院）、北京航空航天大学杭州创新研究院、中国科学院肿瘤与基础医学研究所、华为杭州研究所（杭州华为企业通信技术有限公司）、中电海康研究院（中电海康集团有限公司）、杭州光学精密机械研究所、浙江大学杭州国际科创中心、浙江省北大信息技术高等研究院等 10 家机构入选。

2020 年，浙江省出台《浙江省人民政府办公厅关于加快建设高水平新型研发机构的若干意见》，通过引进共建一批、优化提升一批、整合组建一批、重点打造一批的方式，计划到 2022 年建设新型研发机构 300 家，引进一流创新人才和团队 300 名（个），集聚科研人员 3 万名；到 2025 年，浙江省新型研发机构数计划达 500 家，培育国家重点实验室、技术创新中心等国家级创新载体 20 家以上。截至 2021 年底，浙江省已经建设了中国科学院宁波材料技术与工程研究所、浙江清华长三角研究院、浙江省北大信息技术高等研究院、北京航空航天大学杭州创新研究院等一批新型研发机构。

浙江省还布局建设了之江实验室、良渚实验室、西湖实验室和湖畔实验室等首批浙江省实验室。省实验室产业方向和技术领域布局明晰，每家总投资为 5 年 100 亿元左右。其中，之江实验室牵头建设智能科学与技术浙江省实验室，布局智能感知、智能网络、智能计算、大数据与区块链、智能系统五大研究方向，打造智能科学基础前沿研究的核心高地。浙江大学牵头建设以系统医学与精准诊治为重点的良渚实验室，以系统与多组学研究和疾病精准诊治研发为主线，建设国内领先、国际一流的生命健康科创平台。西湖大学牵头建设西湖实验室，即生命科学和生物医学浙江省实验室，突出代谢与衰老疾病、肿瘤机制研究两大领域，开展转化应用和应急医学研究，打造生命健康领域引领性高能级基础应用研究平台。阿里巴巴达摩院牵头建设湖畔实验室，即数据科学与应用浙江省实验室，面向世界数据科学与应用领域最前沿方向，开展基础研究和颠覆性技术创新，推动浙江成为世界数字经济创新策源地。

（三）南京市新型研发机构

2012 年以来，江苏省陆续发布了《中共江苏省委江苏省人民政府关于加快企业为主体市场为导向产学研相结合技术创新体系建设的意见》《关于加快推进产业科技创新中心和创新型省份建设若干政策措施》等文件，鼓励企业联合高校院所共建研发机构，探索建立新型研发组织，这也为南京市新型研发机构建设营造了良好的政策环境。2013 年 9 月，江苏省产业技术研究院成立，围绕"研发作为产业、技术作为商品"开展多项机制改革，牵头与各地园区、人才团队共同组建研究所，探索出从科学到技术，再到产业化的全通道的科技成果转移转化路径，成为区域重大产业技术的产出库、战略性产业培育的基因库和孵化高技术企业的母体，逐渐成为全省产业技术研发转化的先导中心。

2018—2021 年，南京市连续 4 年出台一号文件聚焦创新名城建设，提出了建设创新名城政策措施，对新型研发机构建设路径进行了顶层设计和政策引导。2017 年，南京市以"两落地一融合"（科技成果项目落地、新型研发机构落地、校地融合发展）为抓手，建立市委主要领导挂帅负责的工作机制，从体制机制上盘活在地高校创新资源，加速技术转移和成果转化。

南京市挥起体制机制"指挥棒"，打通科技成果转化"绿色通道"，以科技人员为核心,以研发转化为关键,以企业孵化为使命,组建科技人员持大股、政府和社会资本参股、产业需求导向、企业化运作、职业经理人管理的新型研发机构,探索出以人才团队持大股、引入职业经理人、鼓励多元资本参与、创新产品首购首用、以孵化产出为导向的评价体系为特征的"南京模式"。

高规格创办的新型研发机构背靠高校院所,一手抓原始创新,一手抓成果转化技术应用,成为科技经济融合的产物,成为南京实施创新名城建设工程的一支突击队。从 2017 年底首批 31 家备案,到 2020 年形成近 400 家的"矩阵效应",吸引 6 名诺贝尔奖和图灵奖得主、98 名中外院士来宁创新创业,剑桥、清华、北大、魏兹曼科学研究所等全球顶尖高校院所广泛参与,孵化引进的企业达 5850 家,新申请专利近 7000 件,引进各类人才 11 000 多名,一批曾经"沉睡"在纸上的技术成果转化为创新产品。

(四)苏州市新型研发机构

2016 年,苏州市《关于打造产业科技创新高地的若干措施》明确了科技项目、研发机构、服务平台、高企、人才、成果转化、知识产权、众创空间等方面的扶持政策,提出要加快建设各类高水平创新载体,大力建设新型科研机构。2017 年,苏州市实施科技创新载体建设工程,鼓励和支持本地龙头骨干企业、中小科技型企业,著名科学家、高层次人才,海外知名企业、跨国公司,以及省产业技术研究院等在苏州布点合作设立具有专业性、公益性、开放性的新型研发机构,用 3 年左右时间实现各地区新型研发机构全覆盖。同年,苏州市在全省率先出台《苏州市支持新型研发机构建设实施细则(试行)》,围绕进一步集聚高端研发资源的总目标,鼓励知名科学家、海外高层次创新创业团队、著名科研机构和高等院校在苏州市发起设立新型研发机构。2020 年,苏州市出台《苏州市推进新型研发机构集群发展的实施细则》,依据创新水平、投资规模、地方政府投入等情况,分期分档最高给予 1000 万元联动支持,建设期一般不超过 3 年;对建设期满的新型研发机构,根据其发展状况和上年度非财政经费支持的研发经费支出额度,给予最高 20% 的补助,每年单个机构补助最高 500 万元。截至 2019 年,苏州市已建设市级新型研发机构 45 家,与苏州市建立合作关系的大院大所 238 家,全国排名第一,集聚各类科研人员近 4000 人,累计孵化企业 604 家,孵化企业实现销售收入 50.15 亿元,为企业开展技术服务近万项次。

2006年，中国科学院与江苏省政府、苏州市政府和苏州工业园区共同出资组建中国科学院苏州纳米技术与纳米仿生研究所（简称"中科院苏州纳米所"），建设纳米加工、测试分析和纳米生化平台三大公共技术服务平台，涵盖从研发、小试、中试放大到生产各环节。中科院苏州纳米所承建的纳米真空互联实验站是世界首个按照国家重大科技基础设施标准在建的集材料生长、器件加工、测试分析为一体的纳米领域真空互联的科技公共开放实验平台。实验站吸引了国内外100余所高校院所和半导体领域龙头企业，成为基础科技创新与应用研发的重要支撑。截至2019年，累计服务943家高科技企业，引进高端创新创业团队超过200个，引进高层次创新创业人才超过1400人，培训职业技能人才超过6700人次，实现新增就业超过4400人，孵化高科技企业200余家，累计为地方新增销售收入突破300亿元。

2012年11月，中国科学院、江苏省和苏州市政府共同建设中国科学院苏州生物医学工程技术研究所（简称"苏州医工所"）。苏州医工所面向生物医学的重大需求，开展先进生物医学仪器、试剂和生物材料等方面的基础性、战略性、前瞻性研究工作，引领生物医学工程技术的发展。围绕医用光学、医学检验、医学影像、医用声学等技术研究方向设立了9个研究室，建成中国科学院生物医学检验技术重点实验室、江苏省医用光学重点实验室和9个苏州市高技术研究重点实验室，组建了近百人的专业化工程技术队伍，成功引入百余项成果转化项目，成功孵化项目公司56家。

（五）合肥市新型研发机构

合肥市是国家4个综合性国家科学中心之一，是国家实验室首批建设城市。2017年1月，安徽省、中科院联合申报的《合肥综合性国家科学中心建设方案》获国家发展改革委、科技部批准，成为继上海之后第二个获批的城市。2017年，安徽省发布《安徽省新型研发机构认定管理与绩效评价办法（试行）》，明确了新型研发机构认定申报条件、程序和扶持政策。2019年，合肥市启动编制《合肥市"十四五"科技创新发展规划》，明确建设具有国际影响力的创新之都的时间表和路线图，结合综合性国家科学中心和滨湖科学城建设规划，争取中科院有关院所来肥设立新型研发机构。

合肥市谋划出台合肥综合性国家科学中心大院大所合作导则、新型研究院绩效考核导则等政策措施，进一步规范新型协同创新平台建设，激发创新活力。近年来，合肥市财政累计投入40.68亿元，先后与中科大、中科院、清华等院所共建 25 个高水平协同创新平台。2018 年，安徽省科技厅公布了首批 20 家新型研发机构名单，其中合肥市有 8 家。2019 年，有 26 家新型研发机构被认定为安徽省新型研发机构，其中合肥市有 13 家入选。通过实施名校名所名企合作战略，合肥高新区引进了 30 多个新型创新组织，累计建设各类联合实验室、技术研发和成果转化平台近 100 个，转化各类成果 800 余项，孵化企业 600 余家。

合肥市注重发挥新型研发机构在科研成果转化中的作用，并陆续成立多家具有代表性的新型研发机构。2012 年 7 月，安徽省、中科院、合肥市和中科大启动建设中国科学技术大学先进技术研究院。目前，研究院建设了国家量子保密通信"京沪干线"及"量子科学试验卫星"合肥总控中心，率先在世界领域开展量子远程大规模保密通信应用工程。截至 2017 年 7 月，已建设联合实验室 47 个，累计引进各类人才 490 人，孵化企业 204 家，其中国家级高新技术企业 21 家；开发新产品 240 项，带动社会资金投入 3 亿元。2014 年，合肥市政府与合肥工业大学合作设立合肥工业大学智能制造技术研究院。截至 2019 年，该院拥有四大科技创新服务平台、19 个研发与转化服务机构，培育高科技企业 70 余家，申报知识产权 92 项，为超过 300 家企业提供技术服务，培养近 1500 名"双导师制"研究生。2014 年 6 月，中国科学院合肥物质科学研究院与合肥市政府签署协议共建中科院合肥技术创新工程院。截至 2019 年 11 月，孵化 70 家科技型企业，有 25 家被认定为科技型中小企业，9 家通过高新技术企业认定，获得各类知识产权授权 517 项。

三、粤港澳地区

（一）广州市新型研发机构

广州市高度重视新型研发机构的培育与发展。2015 年，广州市出台了《广州市人民政府办公厅关于促进新型研发机构建设发展的意见》，市政府每年在市科学技术经费中原则上安排不少于 2 亿元资金，用于支持新型研发机构的启动建设运营、持续建设发展和创新成果产业化奖励。2016 年广州市出台了《中共广州市委广州市人民政府关于加快集聚产业领军人才的意见》，实施羊城创新创业领军人才支持计划，建立产业领军人才奖励制度。2019 年，广州市通过了《重点领域研发计划实施方案》，重点支持新一代信息技术、人工智能、生物医药等领域的关键核心技术攻关，首批启动新一代通信与网络、脑科学与类脑研究等重大专项。2019年，广州市还发布《广州市进一步加快促进科技创新的政策措施》，积极探索科技创新政策体系体制机制创新。

广州市持续加强在科技源头（科学发现）上的投入，一批高水平科研机构启动建设。围绕超算、海洋、可燃冰、生命、信息等领域布局世界领先的重大科技基础设施群，广州市每年投入8000万元，设立了广东省基础与应用基础研究基金广州市联合基金，共同支持粤港澳地区基础和应用基础研究，实施了一批填补国内空白、解决制约发展"瓶颈"问题的重大战略项目和基础工程。广州再生医学与健康广东省实验室、南方海洋科学与工程广东省实验室、中国科学院空天信息研究院粤港澳大湾区研究院、广东粤港澳大湾区协同创新研究院等高端科研平台加速集聚。2019年，广州市新增18家省级新型研发机构，总量达到68家，省级新型研发机构增量和总量继续保持广东省第一。各研发机构的科技创新、整体实力也有了大幅提升，已经发展成为广州市区域创新的重要力量。

（二）深圳市新型研发机构

深圳市建立完善"基础研究+技术攻关+成果产业化+科技金融+人才支撑"的全过程创新生态链，努力打造原始创新策源地、关键核心技术发源地、科技成果产业化最佳地、科技金融深度融合地和全球一流科技创新人才向往的集聚地。

深圳市新型研发机构在全国起步较早。1996年12月，清华大学和深圳市政府合作建立深圳清华大学研究院，被视为国内第一家新型研发机构。广东省出台《广东省科学技术厅等十部门关于支持新型研发机构发展的试行办法》，明确了新型研发机构内涵，设立省级财政科技专项，对符合条件的机构提供税收补贴和研发补助等。2014年，深圳市出台《关于加强新型科研机构使用市科技研发资金人员相关经费管理的意见（试行）》，通过保障科研人员合理待遇、完善科研经费管理制度和加强科研资金执行监管，规范新型研发机构发展。2016年，深圳市出台《关于促进科技创新的若干措施》，鼓励支持各类主体创办新型科研机构，鼓励海外高层次人才创新创业团队发起设立专业性、公益性、开放性的新型研发机构。2017年，深圳市制定《关于规范管理事业单位、社会团体及企业等组织利用国有资产举办事业单位的意见》，开创性地将"不定机构规格、不定行政管理岗位等级，不定编制，实行社会化用人和自主管理运营"的由其他组织举办的事业单位与新型研发机构进行创造性结合，为事业单位类新型研发机构开展体制机制改革指引了方向。2018年，深圳市出台《深圳市关于进一步加快发展战略性新兴产业实施方案》，要求各区域结合战略性新兴产业发展重点，精准布局新型研发机构、重点实验室、工程研究中心等科技创新载体。2019年，深圳市推出科技计划管理改革22条举措，支持企业建设重点企业研究院。深圳市各区县也陆续发布了新型研发机构管理规定和支持政策。

截至2021年，深圳市的省级新型科研机构已达46家，成为源头创新的"生力军"、产业发展的"加速器"、创新驱动发展的重要力量。深圳市的新型科研机构可归为两类，一类是"国有新制"模式，如中国科学院深圳先进技术研究院、深圳清华大学研究院等；另一类是"民办官助"模式，如深圳华大基因研究院、深圳光启高等理工研究院等。深圳市以推进新型研发机构发展为重要抓手，吸引国内外创新资源，集聚了一批高层次产业创新人才、建设了一批高端创新平台。深圳清华大学研究院是我国第一家新型科研机构，由深圳市政府和清华大学于1996年共同建立，是以企业化方式运作的事业单位。深圳清华大学研究院摸索出"四不像"理论，探索出实验室（或研发中心）与产业化公司同步组建，成果考核由市场效益衡量；在项目投入机制上，由技术专家、投融资专家共同参与，发明人、责任人带头投入；在用人机制上，突破事业单位编制限制，没有了"铁饭碗"，用股权和市场化的薪酬水平吸引国内外高端创新人才；在激励与规范机制上，坚持"研发团队分享技术股权，管理团队合法持有股权"。截至2019年底，中国科学院深圳先进技术研究院建设了9个国家级载体，32个中科院/省级载体，63个市级创新载体，总人数达3358人，其中院士3人，国家级人才38人，累计培养研究生7000余人，全年合同总额22.96亿元，其中竞争性合同额占比92%；发表论文1461篇，其中SCI论文920篇；专利申请总量达8706件，累计授权专利总量达3583件，累计PCT国际专利申请为916件；产业合作金额到款达6.95亿元，实现股权转让收益达4.66亿元。深圳光启高等理工研究院建设了超材料电磁调制技术国家重点实验室等源头创新和产业化平台，开发了超材料、智能光子等一系列革命性的创新技术，领衔起草并发布了全球第一份超材料领域国家标准，打破了欧美国家对前沿技术和标准的垄断。截至2019年，专利申请总量达5379件，授权专利总量达3230件，在超材料领域专利申请总量位居全球第一，实现超材料底层技术专利覆盖。

（三）东莞市新型研发机构

东莞市第一批新型研发机构于2005年成立。东莞市先后颁布了《促进产学研合作实施办法》《东莞市科技创新基础条件平台建设实施办法》《东莞市科技创新平台建设资助办法》等配套政策，加大财政投入，用于发展科技创新、新型研发机构建设事业。2015年7月，东莞市政府出台《东莞市加快新型研发机构发展实施办法》，完善对新型科研机构的认定管理，设立专门的科技基金扶持新型科研机构的建设运营，也对成果转化、创新创业项目和人才引进等进行扶持。

经过十几年的发展，东莞市新型研发机构从无到有、由弱到强，对深化产学研合作进行了有益探索。东莞市已经与中科院、北大、复旦等一批高校院所建立新型研发机构30余家，其中省级新型研发机构超过20家。在这些新型研发机构的努力下，东莞市自主创新的源头活水奔涌而出。截至2018年底，共拥有有效发明专利达700余件；聚集各类人才5500多人，高端人才206人，外籍创新人才96人，6个省创新科研团队、15个市创新科研团队。

2011年10月，由中科院与东莞市政府共建的中国科学院云计算产业技术创新与育成中心在东莞松山湖国家高新区成立。该中心汇聚了中国科学院计算技术研究所等相关研究单位在云计算领域的技术、人才、设备和网络等核心科技创新资源，形成了云计算研发、创新、运营、产业育成的基地。该中心现有职工439人，其中有院士6人。中心内设8个分中心和2家高科技企业，与相关企业联合共建了12个实验室。中心孵化企业10家，引进相关企业20家。以中心为理事长或副理事长单位的联盟有15家，拥有联盟成员500多家。该中心建设了云基础设施公共平台，拥有完善的机房设施、高品质网络环境、丰富的宽带资源和实时监控设备。中心云操作系统、云存储、智能交通、智慧社区教育云、安全云等技术产品已经在全国50多个城市推广应用。

四、东北地区——沈阳市新型研发机构

沈阳市在新型研发机构建设布局方面走在辽宁省，乃至东三省前列。2017年，沈阳市出台《中共沈阳市委 沈阳市人民政府关于贯彻落实创新驱动发展战略建设东北亚科技创新中心的实施意见》，每年安排不少于1亿元科

技资金资助新型研发机构建设，鼓励社会化新型研发机构发展。2018年，沈阳市发布《沈阳市建设东北亚科技创新中心规划（2018—2030年）》，将按照"三步走"方针，使沈阳成为东北科学技术策源地、新兴产业增长极、创新人才集聚区、开放合作枢纽地和改革创新示范区，建设成为东北亚有影响力的科技创新中心。2019年，沈阳市发布《沈阳市新型研发机构管理办法》，明确新型研发机构是加快创新驱动发展的重要生力军，主要包括产业技术研究院、协同创新中心、国际研发机构等。明确新型研发机构基本条件、服务管理部门及支持方式，并以项目方式支持新型研发机构建设。2020年，沈阳市出台《关于推动沈阳市新型研发机构高质量发展的若干意见》，规范了申报、管理、绩效考核等内容，强化了绩效导向的资金拨付方式，细化了时间节点与建设目标，发展规划和政策靶向更为明晰，政策环境更为优化。

近年来，沈阳市新型研发机构建设取得积极进展。2018年12月，沈阳市公布第一批新型研发机构名单。2019年12月，沈阳市新认定13家新型研发机构，至此，沈阳市已拥有21家新型研发机构。2019年10月，辽宁新型研发机构联盟正式成立。2020年1月，辽宁省开始集国家和省市区力量布局建设高规格新型研发机构，计划5年内累计投入150亿元以上，加快辽宁实验室（包括沈阳材料科学国家研究中心、中国科学院机器人与智能制造创新研究院、国家机器人创新中心、中国科学院洁净能源创新研究院）的建设。

2017年9月，中国科学院沈阳分院与沈阳市签署全面科技合作协议。2017年12月5日，沈阳市科技局、中科院沈阳分院、浑南区政府三方签署中科院沈阳国家技术转移中心成果转化基地/沈阳中科先进技术研究院共建协议。2018年6月4日，辽宁省科技厅、沈阳市科技局、中科院沈阳分院、浑南区政府四方签署沈阳国家技术转移中心成果转化基地（沈阳）共建协议并揭牌。该转化基地是中科院与沈阳市"院地合作"的标志性项目。沈阳中科先进技术研究院有限公司作为基地的运营主体，是集技术研发、成果转化、孵化育成、投融资等功能为一体的新型研发机构，实行理事会领导下的主任负责制，采用"1+N+M"的运营模式，即在中科先进技术研究院的组织协调下，建设N个研发中心，在研发中心上实施M个工程中心及产业化项目。重点围绕新材料、智能制造、生物医药、新能源等领域，以建设技术创新体系为支撑，通过完善技术、人才、资本、服务等要素的结合，打造科技成果转移转化的新模式，促进产业转型升级。

沈阳中科先进技术研究院已引进院士专家等高层次人才20人，建设新材料、生物医药、智能制造三大领域工程技术中心9家，引进11个高科技项目，其中5家获得高新技术企业认定，1家成为种子独角兽企业，4家获得风险投资。

五、中西部地区

（一）武汉市新型研发机构

武汉市的高校院所密集，较早布局建设产业技术研究院等新型研发机构，促进科技成果就地转化。2012年，武汉市发布《市人民政府关于促进东湖国家自主创新示范区科技成果转化体制机制创新的若干意见》，出台多项优惠政策鼓励高校师生"下海"创业，支持高校院所在东湖高新区建设新型产业技术厅研究院，让更多科技成果得到转化。2015年，湖北省发布《湖北省科学技术厅关于深入推进科技创业的十条意见》，针对建设新型创业服务平台和专业技术开发平台、优化科技创业金融环境、建立健全科技创业牵引服务机制、加大财政资金支持力度等进行政策扶持。2016年，武汉市通过《关于实施"十大计划"加快建设具有强大带动力的创新型城市的意见》，布局建设新型研发机构和科技创新平台，以核心技术的突破推动全市产业向中高端发展。2018年，武汉市印发《武汉市促进在汉高校科研院所科技成果就地转化行动方案（2018—2020）》，着力建设一批促进科技成果转化的中试熟化平台，打通高校院所科技成果转化渠道，构建多元化的科技成果转化投融资体系，营造科技成果转化的良好氛围。

自2009年起，武汉市联合在汉高校、企业先后建设了武汉新能源研究院、武汉生物技术研究院、武汉光电工业技术研究院、武汉中科医疗科技工业技术研究院等10余家产业技术研究院，成为对接高校院所、促进成果转化的重要平台。武汉东湖高新区新型研发机构采取"工业技术研究院"建设模式，形成"政府引导、企业主导、院所参与、成果共享"特点。2009年，湖北省委省政府、武汉市委市政府整合武汉大学、华中科技大学、华中农业大学、中科院武汉分院等在汉高校、科研院所的优势资源，组建武汉生物技术研究院，被科技部认定为国家技术转移示范机构，成功孵化了40余家高新企业，与20余家医药企业共建了院士工作站或联合研发中心，重组人血清白蛋白、纳米诊断试剂等一批创新产品进入市场。武汉生物技术研究院成立生物经济研究中心，挂牌"湖北省生物经济研究中心"，开展前瞻预测与理论研究、战略研究与决策支持、平台建设与情报咨询、资源整合与创新促进等相关工作。

（二）西安市新型研发机构

陕西省较早对新型研发机构建设进行全面深入的部署。2016年，《陕西省科技厅支持校企合作共建新型研发平台工作指引》提出，支持企业依托高校优势学科，建立以企业为需求主体、投资主体、管理主体和市场主体的"四主体一联合"的新型研发中心。

西安市是中国五大科教中心和最重要的科研基地之一，拥有大学63所，在校大学生近百万人，两院院士60余人，聚集了中国航天领域1/3以上、兵器领域1/3以上、航空领域近1/4的科研单位、专业人才及生产力量。近年来，西安市以"硬科技改变世界，硬科技引领未来，硬科技发展西安"为目标，建设"硬科技之都"。自2016年被列入国家系统推进全面创新改革试验区，西安市先后出台《西安系统推进全面创新改革试验实施方案》《中共西安市委 西安市人民政府关于系统推进全面创新改革试验打造"一带一路"创新中心的实施意见》等政策文件，其中支持建立新型研发机构是推进全面创新改革试验的主要内容，组织骨干企业联合高校院所建立产业技术新型研发机构，建设研发、中试、成果转化平台，服务产业研发创新，筹划重大科技成果产业化。通过无偿资助、建立基金、后补助等方式进行支持，实施年度绩效考核，设立奖补激励。2018年，西安市出台了《西安市加快促进科技成果转移转化20条措施》，明确发展高校院所经济、建立科技成果转移转化联合体、完善科技成果转移转化市场化服务体系等措施，进一步激发科技成果转移转化主体活力。以联合建立新型产业技术研究院、重点实验室、工程技术研究中心、技术转移中心、科技成果中试（熟化）基地等研发组织和成果转化平台为抓手，推进创新资源共建共享共用。2020年，为进一步壮大创新主体队伍，完善区域创新体系，加快推进新型研发机构建设，促进科技成果就地转化，西安市制定《西安市新型研发机构认定管理办法（试行）》，从认定条件和程序、支持措施与绩效考核、日常管理等方面对新型研发机构认定做出明确规定。

近年来，西安市涌现了众多新型研发机构，有力支撑了西安市、陕西省的科技创新加速发展。中国科学院西安光学精密机械研究所是以战略高技术创新与应用基础研究为主的综合性科研基地型研究所，主要研究领域包括基础光学、空间光学、光电工程，设有32个研究单元。截至2019年6月，该研究所形成了光子制造、光子信息与生物光子三大产业群，孵化295家"硬科技"企业，企业市值超过500亿元，累计吸引社会投资超50亿元，带动就业8000多人。2018年7月，陕西空天动力研究院有限公司在西安高新区注册成立，该研究所由西北工业大学、中国航发西安航空发动机有限公司、中国航发西安航空动力控制科技有限公司等5家单位共同发起，是由陕西省、西安市、西安高新区共同出资组建的国有企业。经过3年多的建设和发展，探索形成了依托空天院平台、建设八大创新中心、孵化若干项目及企业的"1+8+X"创新运行模式，采取飞地经济模式与多个地市联合组建高新技术产业引导基金，推动地市经济发展。同时，与惠华基金等机构达成战略合作协议，助推陕西省科技成果快速落地转化。

第三节　各地新型研发机构探索经验总结

各地在进行新型研发机构建设和运营的过程中积累了大量的经验（详见附录2）。本节从定义和标准、支持政策、考核和管理等方面进行研究，为全国新型研发机构的建设运营和创新治理提供经验借鉴。

一、定义和标准方面

（一）定义方面

各地相继出台新型研发机构的管理办法，在组建方式、功能定位、运行管理方等面做出了规定。各省市对新型研发机构的定义都具有较为明确的表述，主要是以科技部《关于促进新型研发机构发展的指导意见》为基础进行延伸。科技部出台的《关于促进新型研发机构发展的指导意见》指出，新型研发机构是聚焦科技创新需求，主要从事科学研究、技术创新和研发服务，投资主体多元化、管理制度现代化、运行机制市场化、用人机制灵活的独立法人机构，可依法注册为科技类民办非企业单位（社会服务机构）、事业单位和企业。上海市《关于促进新型研发机构创新发展的若干规定（试行）》认为，新型研发机构是开展基础与应用基础研究、产业共性技术研发与服务、科技成果转化与科技企业孵化服务的组织。《山东省新型研发机构管理暂行办法》将新型研发机构定义为投资主体多元化、组建方式多样化、运行机制市场化,具有可持续发展能力,产学研协同创新的独立法人组织。新型研发机构以开展产业技术研发为核心功能,兼具应用基础研究、技术转移转化、科技企业孵化培育、产业投融资及高端人才集聚培养等功能。一般应冠以工研院、科研院(所)、研发中心等名称。《河北省新型研发机构建设工作指引》认为新型研发机构功能定位和特征特点主要包括以下几点:多主体投资、多模式组建、企业化管理、市场化运作,主要从事科学研究与技术开发,以及与之相关的技术转移、衍生孵化、技术服务等创新创业活动,具有功能定位综合化、研发模式集成化、运行模式柔性化等新特征,独立核算、自主经营、自负盈亏、可持续发展,政产学研用实质性紧密结合,明显区别于传统国有独立科研机构的新兴研发机构。《天津市人民政府办公厅关于加快产业技术研究院建设发展的若干意见》指出,产业技术研究院是指在天津注册,聚焦人工智能、生物医药、新能源新材料等战略性新兴产业创新链后端,在工程技术开发、技术商品化、科技成果转化和企业衍生孵化等方面具有鲜明优势与特色的新型研发机构,是投资主体多元化、建设模式国际化、运行机制市场化、管理制度现代化的独立法人组织。深圳市《关于加强新型科研机构使用市科技研发资金人员相关经费管理的意见(试行)》指出,该意见中所称新型科研机构,是指在深圳市合法注册登记,以承担科学研究、技术开发等公益社会服务为主要业务或职责的科技类民办非企业单位,或者除国家机关外的其他组织利用国有资产举办的,不实行编制或员额管理,不纳入财政预算管理的事业单位。《重庆市新型研发机构管理暂行办法》指出,新型研发机构应该有清晰的发展定位、固定的科研场所、稳定的人才团队等。

(二)标准方面

在认定标准方面,各地政策一般都有非常具体的条件要求,具体可分为刚性标准、定性要求两个方面(具体政策要点汇总详见附录3)。在刚性标准方面,各地基本要求新型研发机构为当地注册的独立法人主体,在牵头人员层次、研发人员的比例、人员学历职称等方面做出了明确要求,在研发费用占比、年度新增营收、政府资金利用方面同样做出了硬性要求;部分地区对办公研发面积、成果转化、企业孵化等方面也做出相关规定。在定性要求方面,要求依托国内知名高校院所、企业平台等机构,具有稳定的科研成果来源;要求拥有开展研究、试验、服务等必需的条件和设施;要求建立市场化运行机制；要求建立完善的现代管理体制。还有一些省市出台的政策并没有写明到具体要求，只给出了新型研发机构的定义，如浙江省、广州市、上海市等。《天津市产业技术研究院认定与考核管理办法（试行）》指出，申请产研院应满足独立法人组织、完善的体制机制、开展创新链后端研发活动、具备的研发条件、具有一定经济社会效益等条件。

二、支持政策方面

科技创新政策是塑造创新环境和激发创新活力的重要手段。各地高度重视新型研发机构在区域创新中的重要作用，陆续出台支持新型研发机构发展的相关政策。各地制定和实施多样化支持政策，主要包括资金支持与税收优惠、人才激励措施、项目申报支持等。福建省、西安市对于新型研发机构给予直接奖励或补助，河北省、重庆市在企业所得税方面给予优惠。此外，多省市都明确提出，新型研发机构在申报国家和省市科技计划项目、科技创新基地、人才计划和科学技术奖励时可获得优先支持。广东省《关于支持新型研发机构发展的试行办法》从项目申报、人才引进优惠政策、研发补助和税费减免等方面支持新型研发机构健康发展，《浙江省人民政府办公厅关于加快建设高水平新型研发机构的若干意见》指出省级新型研发机构纳入省属科研院所管理序列，享受各类科技计划、科技成果转化收入分配、进口科教用品免税等政策。山西省在《关于促进新型研发机构发展的实施办法（试行）》中规定，备案新型研发机构在承担省或市级财政科技计划、人才引进、创新载体建设、科技成果转化收入分配等方面，可同时享受面向高校、科研院所、企业的资格待遇和扶持政策。山东省在《山东省新型研发机构管理暂行办法》中规定，备案新型研发机构在承担省市各级财政科技计划、人才引进、创新载体建设、科技成果转化收入分配等方面，可同时享受面向高校科研院所、企业的资格待遇和扶持政策。政府在研发机构的方向把握、经费投入、重大政策配套等方面发挥着不可替代的作用。梳理各地支持新型研发机构的政策可以发现，申报认定、人才激励、科技金融、税收优惠和要素配置等成为政策的共性方向，个性化合同管理、知识产权归属和股权激励等政策在个别区域有所体现。

（一）资金扶持

各地对新型研发机构资金扶持主要包括建设资金支持、研发经费支出补助、绩效评价/考核等级奖励、科研仪器设备和软件购置经费补助、政府股权收益部分转为对高校奖励和人才团队贡献奖励等。各地扶持资金额度与要求略有不同，扶持金额上限一般在500万～1000万元，建设期扶持一般为3年左右，大多不超过5年，有的城市没有直接给出具体扶持资金额度。例如，广州市强调县（市、区）按照协议无偿拨付扶持资金，市政府每年安排不少于2亿元资金支持新型研发机构建设发展。山东省对备案新型研发机构，根据评估绩效择优给予后补助支持，对"十强"产业发展支撑强的备案新型研发机构可采取"一事一议"给予支持。各地对资金扶持条件要求存在一定的差异。例如，广东省、苏州市等地对上年度非财政经费支持研发经费支出额度给予不超过20%的补助，西安市对于考核优秀的新型研发机构，给予每家最高不超过500万元的经费支持。浙江省也将资金扶持与绩效评价挂钩，鼓励省外中央企业、地方大型国有企业、世界500强企业设立研发总部和研发机构，从事竞争前技术研发的新型研发机构，省财政对符合条件的给予最高3000万元支持，对绩效评价优秀的省级新型研发机构按其评价周期内研发投入的10%分3年给予最高不超过1000万元的奖补。深圳市《关于加强新型科研机构使用市科技研发资金人员相关经费管理的意见（试行）》指出，加强对新型科研机构人员的稳定支持：新型科研机构承担的市科技研发资金基础研究类项目可按40%的比例在市科技研发资金资助金额中开支人员绩效支出，其他项目可按30%的比例开支人员绩效支出，并可相应调整项目间接经费预算。《宁波市产业技术研究院建设与发展管理办法（试行）》指出，对特别重大的新建研究院，根据不同行业领域和具体实际，以"一事一议"方式给予建设支持，包括开办费、运营费、平台建设费、项目研发经费等补助。《厦门市加快创新驱动发展的若干措施》提到，围绕生物医药等重点领域，国内外高校、科研院所、企事业单位和社会团体等各类创新主体在厦建设市场化运作、具有独立法人资格新型研发机构的，给予一次性100万元初创期建设经费补助；经确认为重大研发机构的，一次性补足至500万元。给予研发机构非财政资金新购入科研仪器、设备和软件的购置经费50%后补助，5年内新型研发机构最高3000万元、重大研发机构最高5000万元（非独立法人的最高200万元）。新型研发机构每成功孵化一家国家级高新技术企业，给予20万元奖励。重大研发机构每两年进行一次评估，根据评估结果给予最高不超过500万元的绩效奖励。初始投入额达1亿元以上的特别重大研发机构，可按"一事一议"方式予以扶持。

（二）税收优惠

税收优惠是国际上普遍采取的支持科技创新的财政政策。我国持续加大对科技创新的税收优惠力度，形成了覆盖创业投资、创新主体、研发活动、成果转化等创新全链条的税收优惠政策体系，采取了低税率、减免税等直接优惠与加计扣除、加速折旧、税前抵扣、延期缴纳等间接优惠相结合的方式，强化了企业技术创新主体地位，促进了企业技术创新发展。各地对新型研发机构的税收减免政策主要包括：购置进口仪器设备优惠、企业所得税优惠、房产土地税优惠、城镇土地使用税优惠、研发设备税收优惠等政策，对新型研发机构的税收减免政策整体与省属或市属高校科研院所类机构享受税收减免政策相似。广东省对新型研发机构的科研建设发展项目依法优先安排建设用地，符合国家和省有关规定的非营利性科研机构自用的房产、土地，免征房产税、城镇土地使用税。《重庆市新型研发机构培育引进实施办法》明确，"符合相关规定的独立企业法人性质新型研发机构，可连续三年按企业所得税地方留成部分50%的额度作为研发专项资金补助，每年总金额不超过300万元。同时，可以享受研发费用加计扣除政策"。《福建省人民政府办公厅关于鼓励社会资本建设和发展新型研发机构若干措施的通知》中要求对符合条件的新型研发机构进口科研用仪器设备免征进口关税和进口环节增值税、消费税。广东省《关于支持新型研发机构发展的试行办法》指出，对新型研发机构的科研建设发展项目，可依法优先安排建设用地，省市有关部门优先审批。符合国家和省有关规定的非营利性科研机构自用的房产、土地，免征房产税、城镇土地使用税。按照房产税、城镇土地使用税条例、细则及相关规定，属于省政府重点扶持且纳税确有困难的新型研发机构，可向主管税务机关申请，经批准，可酌情给予减税或免税照顾。

（三）人才政策

各地对新型研发机构的人才扶持政策主要包括：重点人才奖励政策、职称及成果评定政策、离岗创办新型研发机构或到新型研发机构工作的政策，以及落户、住房、医疗、配偶安置、子女入学等方面的优惠待遇，除了享受专门人才政策之外，部分省市还制定了符合新型研发机构体制机制的特殊人才政策。广东省在对新型研发机构人才的激励方面规定，新型研发机构科研人员参与职称评审与岗位考核时，发明专利转化应用情况可折算论文指标，技术转让成交额可折算纵向课题指标。福建省规定，新型研发机构每引进国家"万人计划"人才或入选省"海纳百川"高端人才聚集计划的，分别给予10万～300万元的补助；确认为省引进高层次人才（A、B、C 3类）的，分别给予用人单位25万～200万元的安家补助，并纳入设区市或省直、中直单位引进高层次人才计划给予相关政策支持。聘任国际公认的三大世界大学最新排名均位于前100名大学的博士毕业生的，一次性给予用人单位每人40万元补助。福建省还规定，高校、科研院所科研人员在征得所在单位同意后，可带项目和成果、保留基本待遇，离岗创办新型研发机构，或者到新型研发机构工作。离岗创新创业期限以3年为一期，最多不超过2期。返回原单位时接续计算工龄，待遇和聘任岗位等级不降低。浙江省赋予符合条件的省级新型研发机构相应级别职称评审权，支持高校、科研机构科研人员到省级新型研发机构兼职开展研发和成果转化，获得的职务科技成果转化现金奖励不计入本单位绩效工资总量。《河南省扶持新型研发机构发展若干政策》规定，新型研发机构从省外引进的高层次人才符合相关扶持激励政策的，享受住房安居、医疗保健、培训提升和子女入学等方面的优惠待遇。广东省《关于支持新型研发机构发展的试行办法》指出，新型研发机构科研人员参与职称评审与岗位考核时，发明专利转化应用情况可折算论文指标，技术转让成交额可折算纵向课题指标。新型研发机构聘用本科以上专业技术人员、管理人员及海外留学人员，符合条件的可享受国家规定的以及省和所在地市有关引进人才（海外高层次人才）的优惠政策。此外，很多省市还规定新型研发机构人才在医疗、教育、安居等方面享受政策支持。

（四）其他扶持

除了以上扶持政策外，有些地区还制定出台了特殊扶持政策。例如，浙江省、上海市等地采用创新券等方式，支持企业向科技类社会组织和研发服务类企业等新型研发机构购买研发服务。山西在《关于促进新型研发机构发展的实施办法（试行）》规定，对于"14+N"战略性新兴产业集群发展支撑强的新型研发机构，以及经认定的从事战略性、前瞻性、颠覆性、交叉性领域研究的战略科技力量，按"一所（院）一策"或"一事一议"原则，予以支持。福建省支持新型研发机构产品加入国家节能产品、环境标志产品等政府采购清单，享受相应优惠政策。通过政府采购促进创新发展，对符合规定的科技创新产品、服务实行政府采购，首次投放市场的实行首购，尚在研究开发的实行订购。政府还通过向小微企业、创业团队发放创新券的方式，支持、鼓励其在创新活动中向高校、科研机构购买科技服务。重庆市组建专门的孵化服务公司为新型研发机构提供财务、法务、市场、人力、融资等全方位服务，开设"菁蓉学院"为新型研发机构及孵化企业匹配创业导师服务，将新型研发机构孵化企业纳入成都高新区企业梯度培育体系，给予"金熊猫"人才、科技创新、科技金融、产业培育等政策支持。《河南省扶持新型研发机构发展若干政策》指出，新型研发机构在政府项目（专项、基金）承担、奖励申报、职称评审、人才引进、建设用地保障、重大科研设施和大型科研仪器开放共享、投融资等方面可享受国有科研机构同等待遇。

另外，全国各地的新型研发机构在申报、承担各级财政科技计划项目时基本享受高校院所、科研事业单位同等资格待遇，部分地区对新型研发机构申报科技计划项目单列申报指标。浙江省科技厅对省级新型研发机构定向征集重大科技项目需求，符合条件的可通过择优委托方式支持其牵头承担省级重点研发计划项目；对承接国家重大科研项目的，按规定给予相应补助。《河南省扶持新型研发机构发展若干政策》指出，支持新型研发机构结合自身特点和优势，牵头或参与承担省重大科技专项、产业集群专项等各类财政科技计划项目。对新型研发机构申报科技计划项目单列申报指标。

三、考核和管理方面

（一）考核方面

各地政策基本都提到了新型研发机构的绩效考核，有的政策较为详细，例如西安、南京等地给出了考核细则及标准。有的政策只简单提到了考核方式，大部分地方并未提供详细的绩效考核方案，相关的具体考核政策也正在制定中。在考核主体方面，浙江、山东、广州、上海等地提出委托第三方专业机构进行考核，南京由市科委进行考核，西安、苏州等地由市科技局组织考核。在考核内容方面，安徽、南京、西安等地都给出了详细的考核指标，指标覆盖面很广，基本包含了新型研发机构研发、技术成果转化、承接项目、日常管理制度各方面，而有些区域，如山东、浙江等地并未给出具体考核指标内容。在考核结果方面，几乎所有政策都提出了要将考核结果与政策扶持挂钩，但具体结果有所不同。例如，山东、上海等地提出，通过评估考核的才能够获得相应支持；浙江提出根据考核进行分级，10%比例为优秀，5%比例为不合格；浙江、西安、东莞等地都对考核不合格的机构给予限期整改，整改后仍不合格的取消新型研发机构资格。具体来看，《天津市产业技术研究院认定与考核管理办法（试行）》提出，绩效考核主要内容包括上年度技术开发、科技成果转化、企业衍生孵化、创新人才/团队集聚、运营管理等创新发展以及对地方经济的贡献；《重庆市新型研发机构管理暂行办法》指出，新型研发机构绩效评估主要考核研发经费投入纳入国家、重庆市研发经费统计情况、科技研发条件、科技创新能力、人才团队建设、科技成果转化、科技成果效益、运行管理能力、孵化企业情况以及相应财务经费管理等情况；《宁波市产业技术研究院绩效管理办法（试行）》规定了绩效管理原则、绩效评价方式、绩效评价流程等内容；《西安市新型研发机构认定管理办法（试行）》规定绩效考核内容包括：主营业务收支、知识产权申请及授权、科研费用投入、孵化引进企业、人才引进和团队建设、平台建设、国际合作等。

（二）管理方面

新型研发机构的管理方面涉及申报、评审、备案、考核等。几乎所有区域管理负责机构都是当地的科技厅（局），都要求对新型研发机构实行动态管理，对于失信及违规的新型研发机构都提出了取消资格等惩罚措施。但各地管理存在一定的差异。新型研发机构管理工作在管理制度上通常包括以下3种模式。一是认定制。通常由省科技管理部门负责组织，第三方机构（专家）开展认定论证。二是备案制。通常由省科技管理部门对新型研发机构实施备案管理。三是预备制。通过开展新型研发机构培育工作，引导和支持初步具备新型研发机构主营业务要求和管理运行特征的单位，经过试点培育和规范化改造，使之具备新型研发机构备案的基本条件，或者按照先建设、后支持的方式推动新型研发机构发展。具体来看，广东省《关于支持新型研发机构发展的试行办法》指出，新型研发机构应建立健全由产学研等多方主体共同参与的理事会制度和与之相适应的管理制度，实行投管分离、独立运作，发挥市场配置资源的决定性作用。

四、政府扶持新型研发机构政策分析

由于新型研发机构具有多元主体投资建设、多个创新功能系统集成的特点，支持新型研发机构的政策已经由单纯的科技政策发展为创新政策。创新政策是引导、激励和规范科技创新活动的政府措施和行为，是为了解决现代经济社会生活中各类创新活动所面临的一系列障碍，如负外部性、公共品等市场失灵问题，以及制度失灵、能力不足或网络失序等系统结构性问题等，由此形成一个相对综合，多要素、多层面及多关联的政策体系。创新政策和科技政策既有区别，又相互联系。创新政策由科技政策发展而来，科技政策是创新政策的内容之一。科技政策主要是为了解决知识生产问题，关注创新链的前端，创新政策不仅涵盖了科学技术政策，而且关注知识的应用和扩散，其政策范围覆盖了创新全链条。创新政策与产业政策、社会政策、教育政策、金融政策、区域政策、环境政策等既有区别，又有联系，这些政策中凡是影响科技知识生产、应用和扩散的部分，都属于创新政策范畴。

针对不同发展阶段的科技发展与改革任务，我国不断制定和优化科技创新政策，并推动一些行之有效、成熟稳定的政策措施上升为法律法规，实现改革举措—政策措施—法律法规螺旋上升。我国创新政策越来越强调生态系统观，逐渐形成了由做多要素、增强主体、优化机制、提升产业、集聚区域、完善环境、扩大开放及形成反馈的科技创新政策体系。跻身创新型国家前列和建设世界科技强国的战略目标要求，提高科技创新政策的支撑性。新一轮科技革命和产业变革加速孕育，要求科技创新政策更具预见性。创新组织形态的变化要求科技创新政策更具包容性。全球创新合作的发展趋势要求科技创新政策更具开放性。从基础研究、应用研究到产业化的界限越来越模糊，企业在研发和创新活动中的作用越来越凸显，创新活动越来越从少数精英的小众创新向全社会参与的大众创新转变，集中式组织化研发同分布式网络化研发并存，科研活动的数字化转型日益加深。这要求政策对象上要有更宽广的视野，要更加关注企业、个人和社会组织等多元主体的政策需求，激发全社会的创新创造积极性。

新型研发机构具有多元主体、多种功能、市场机制、用人灵活等特点，以科技创新需求为导向，由政府、高校、科研机构、企业、金融投资机构等多个主体参与建设，涵盖基础研究、应用基础研究、成果转化、产业化整个创新链条，整合科技、人才、金融、数据等各种创新要素和资源。政府支持新型研发机构的政策从以科技政策为主，转向覆盖创新链各环节的综合性政策体系；政策工具从财政资助和税收优惠为主，转向更加注重体制机制改革和调动社会积极性；政策目标设定上呈现出从扶持创新主体、激励创新活动，转向营造创新环境、培育创新生态；在政策工具的选择上，呈现出从特惠性政策，转向普惠型政策。

（一）政策工具不断丰富

以提高科研组织效率和增强原始创新能力为目标，建立覆盖科研活动全链条的支持政策，形成从支持基础研究到应用研究，再到成果转化的完备政策工具箱，提高科研活动投入产出效益。新型研发机构涵盖基础研究、应用基础研究、成果转化、产业化整个创新链条，不同创新功能具有不同的政策工具，呈现多样化特征。政府支持新型研发机构的政策工具不仅包括研发资助、投资补贴、减免税、政府采购、创新券等降低创新成本、增加技术供给和市场需求的财政税收手段，而且包括贷款贴息、担保、风险补偿、知识产权质押、创投引导基金等促进投融资的金融支持手段，还包括质量、标准、环保等技术性监管手段等。

（二）政策支持对象广

新型研发机构由政府、高校、科研机构、企业、金融投资机构等多个主体参与建设，不同对象的支持手段和工具不同：科技投入的政策，如基础研究、各类科技计划等；创新主体的政策，如企业创新政策，高校和科研机构成果转让政策，创新服务中介机构政策，创新型人才培育、引进和鼓励政策，以及促进产学研结合和人才流动的政策；高技术服务业、高端制造业等特定产业发展的产业创新政策；国家大科学中心、国家实验室、公共技术平台、科技共享平台、孵化器和众创空间、信息基础设施等创新基础设施政策；创新环境政策。创新环境政策主要解决抑制创新的体制机制障碍问题，以及创新体系中各主体相互促进的体制机制问题，包括激励创新、释放创新活力的市场环境政策，发展多层次资本市场，拓展企业直接融资渠道的金融政策，建设高效开放的国家创新体系的政策，政策配套协调机制等。

（三）兼具供给侧与需求侧创新政策

从创新政策可能产生影响的层面，可以分为供给侧政策工具、需求侧政策工具等。供给侧政策工具针对创新能力，主要解决技术、人才、信息和管理等要素的供给不足问题。需求侧政策工具解决生产者与用户间的信息不对称、新产品市场信用不足、新技术的高转换成本和市场进入壁垒，以及技术路径依赖问题等。

（四）市场机制在政策体系中的作用逐步凸显

政府部门直接配置资源、管理具体项目和新型研发机构的权限不断收缩，市场对新型研发机构技术研发路线的选择和各类创新资源配置的作用大幅增强。创新决策、组织模式和政策普惠性都持续得到改善。以激发企业创新动力为重点，注重产业政策和创新政策协同，优化完善企业支持政策，加强对企业创新的竞争前支持。对不同所有制类型、内外资企业一视同仁，实行普惠性政策。基本建立了覆盖企业全生命周期的科技创新政策体系，推动企业成为技术创新决策的主体、研发投入的主体、项目组织的主体和科技成果转化的主体。

展望未来，与新型研发机构发展要求和趋势相适应，政府支持新型研发机构发展的创新政策应更加注重系统性、协调性、动态性、普惠性和竞争中性。

①更加注重系统性。新型研发机构的创新活动内生在整个经济社会系统之中，政产学研及各类组织、个人都是重要的参与主体，都会对创新活动产生影响。因此，创新政策的作用对象相对广泛，政策制定越来越强调生态系统观，协调创新政策内不同的利益相关者，调和不同主体间的制度逻辑冲突，形成政策的生态共生共演及协同效应。其中，企业是最重要的创新主体，也是创新政策的主要对象。大学、科研机构、各类中介组织也是重要的作用对象。

②更加注重协调性。各类创新政策都会在不同程度影响创新主体的动机和行为。因此，出台政策的各个部门要加强协调，形成目标一致、工具互补的政策合力，防止政策冲突。

③更加注重动态性。创新政策是由问题导向的，随着国家发展阶段、科技水平和创新能力，以及制度环境和经济形势等因素的变化，创新障碍和问题也会发生变化，政策重点就要相应调整，灵活应对。新型研发机构本身也在快速变化过程中，处于不同发展阶段的新型研发机构显然需要不同的政策支持。因此，创新政策涵盖的范围也在不断变化，总趋势是涵盖的领域越来越广，支持点位越来越精准。

④更加注重普惠性和竞争中性。要提高普惠性创新政策的有效性和受益面，就要构建公平竞争、创新友好的基础制度环境，让创新者通过市场获益，发挥制度性创新政策的基础性作用。要加强知识产权保护，让创新者可以通过知识产权获得收益创新。要优化人才政策，建立符合创新规律的人才培养、

引进、激励制度，促进人才流动。要完善标准、认证认可制度，促进优胜劣汰的市场机制发挥正面作用，形成优质高价的正向反馈。目前，大多数国家在支持结构创新方面都高度重视普惠性政策措施，适用于所有机构，没有行业或技术领域限制。不同所有制、不同规模的机构在科技创新政策信息获取、政策享受过程中存在差异，要构建普惠性政策体系，应按照竞争中性原则，在要素获取、准入许可、经营运行、政府采购和招投标等方面营造更加公平的竞争环境。政府对企业竞争前研发活动进行资助，能最大程度避免市场公平竞争的扭曲。

第五章　我国新型研发机构存在的主要问题与建议

近年来，我国涌现出了江苏省产业技术研究院、中国科学院深圳先进技术研究院、深圳光启高等理工研究院、深圳华大基因研究院、华为研究院等一大批新型科研组织。这类科研组织引领技术创新的范式变革，极大地推动了研发、孵化、转化一体化发展，在发展模式、管理体制、运作机制、协同创新等方面做出了全新探索，形成了推进科技成果转化及产业化的新模式，有效解决了经济和科技"两张皮"的难题，已成为区域源头创新和发展战略性新兴产业的重要力量。但我国新型研发机构面临着自身发展的困扰和外部环境的挑战，在治理方面也存在着诸多难题。问题是时代的声音，以问题为导向，分析问题并提出针对性的建议才能推动新型研发机构高质量发展。

第一节　我国新型研发机构存在的主要问题

截至2020年底，我国新型研发机构已有2000多家，成长为一支举足轻重的科技创新力量。然而，新型研发机构在快速发展的过程中暴露出诸多问题、面临诸多挑战，主要体现在环境挑战、治理难题和自身困扰方面。新型研发机构面临的环境挑战主要源于新型研发机构作为新型的科研组织和创新主体，处于经济社会系统和国家创新体系之中，需要清晰界定在国家和区域创新系统当中的定位，协调好与其他创新主体的关系，并与环境相协调，从而获得发展需要的资源。新型研发机构面临的治理难题主要源于其是体制机制改革的产物，是新的时代条件下的新事物，具有多元主体建设、多种功能集成、多样模式组建等特征。新型研发机构面临的自身困扰主要源于运行机制的市场化和使命功能的公益性等内在矛盾。

一、新型研发机构的目标定位问题

新型研发机构功能定位不清晰，当前国家层面尚未出台统一的认定标准。在24个已出台认定标准的地区中，有17个地区在2019年以后才出台正式的认定规范。各地区认定标准差异较大，认定制、登记制和备案制并存。各地区新型研发机构在基础条件和创新能力上的巨大差异，不利于国家的统一管理。新型研发机构功能定位不清晰，既有国家层面对新型研发机构在国家创新体系中的定位不清晰、与其他创新主体的关系不明确等问题，也有地方政府和发起建设单位在新型研发机构建设中的定位模糊问题，还有新研发机构在实际发展过程定位摇摆的问题。功能定位不清晰主要体现在4个方面。一是组织定位，事业单位、企业、民办非企业的不同定位，带来不同的管理运营问题。有些新型研发机构以企业化运营为名，弱化公益属性和公共服务职能，使用政府公共项目资金开发市场竞争性的产品，同企业开展同业竞争，扰乱了市场正常运行秩序。有的新型研发机构由产权不清、治理结构不健全导致多元投入主体协调程度不够。妨碍参与建设各方的信心和积极性。二是功能定位，基础研究、应用研究、技术开发、成果转化、科技投融资、人才培养及产业发展等多种功能，以哪些功能为主？有些新型研发机构技术研发创新功能不强，仅承担了科技成果转化和企业孵化器职能。三是使命定位，新型研发机构兼顾市场化运营和公益性服务两个方面的使命任务，如何界定范围和把握尺度是一个重要问题。四是评价定位，在新型研发机构的评价方面，存在谁来评价新型研发机构，以什么指标体系评价新型研发机构等问题。

二、新型研发机构的规划布局问题

新型研发机构缺乏统筹谋划和整体布局。新型研发机构既要融入国家和区域创新体系，又要融入经济社会发展全局，因此要处理好新型研发机构与传统科研机构的关系、新型研发机构相互之间的关系、新型研发机构与高校院所的关系、新型研发机构与产业企业的关系。

三、新型研发机构的发展环境问题

区域的政务环境、市场环境、技术经济环境、科教人才环境等环境因素对新型研发机构发展具有重要的保障和促进作用。由于各地经济社会发展基础不同，还有很多不适应新型研发机构发展的问题和因素，如政府"放管服"改革不到位、机构的法律地位不明确、科技服务市场发育不完善、知识产权保护和激励措施没有落实、人才和资本等创新资源不足、科技创新基础设施不完备等，新型研发机构的发展环境有待优化。

四、新型研发机构的治理方面问题

新型研发机构在治理方面还存在缺陷。从治理层级上，还没有形国家和地方分层管理的宏观治理机制；在治理主体上，还没有形成多主体协调联动的治理机制；在治理对象上，还没有实施分类精准的管理机制；在治理手段上，还没有形成分类健全的绩效评价体系；在治理过程中，还没有开展全生命周期的管理和治理；在治理工具上，数字化、智慧化手段的应用还不普遍。

五、新型研发机构的体制机制问题

①管理运行行政化问题突出。在初期主要政府投入的情况下，新型研发机构在日常运作过程中，其决策机制、管理理念、制度流程设计常常沿袭传统行政机构的风格，制度创新的成本较高、阻碍较大。②市场化运作不顺。新型研发机构在资金上对政府存在较大依赖，启动和后续运行经费主要来自财政补助、税收优惠，而通过成果转化、技术服务、企业孵化、项目投资实现"自我造血"的能力明显不足，吸引社会资本参与投入不够，难以成为真正市场化运作、独立运行的机构。③新型研发机构体制机制创新缺乏动力和保障。建立符合人才成长规律与科技创新规律的创新体制机制是新型研发机构的要义所在。由于政府干预过多及简政放权不到位、科技改革和政策不落实、改革授权和容错机制不健全、内部改革创新动力激励不足等原因，新型研发机构没有建立完善的独立法人治理结构体系，决策、执行、监督环节不顺畅，存在决策不科学、机构不合理、执行无力、监督不到位等问题。很多机构没有形成包括面向市场需求的科技研发机制、激励创新创业的人才引育和考核

激励机制、顺畅有效的科技成果转化和项目管理机制、多元投入科技投融资机制、可持续的市场盈利机制、开放协同的资源整合机制等一系列创新机制，在人才队伍建设、科研项目布局和管理、科技成果转移转化、科技资金的引进和投资管理、资源集聚和整合方面还存在不适应新型研发机构发展的情况。

第二节 促进新型研发机构发展的建议

新型研发机构作为我国科技创新体系的重要组成部分，是在新一轮科技革命和产业变革的大背景下，顺应经济社会发展趋势而形成的新型科研经济组织形式。我国新型研发机构在实践探索中积累了经验做法，也暴露出诸多问题和挑战。本节坚持问题导向，针对新型研发机构发展面临的环境挑战、自身困扰和治理难题，从"加强战略研究，搞好顶层设计""采取多种措施，提升治理水平""优化创新环境，完善创新生态""加强自身建设，强化创新功能"等方面提出对策建议，以期更好指导新型研发机构发展。

一、加强战略研究，搞好顶层设计

（一）明确新型研发机构功能定位

只有明确新型研发机构的功能定位，才能聚焦重点、聚集资源、找准方向、实现目标。要加强对新型研发机构案例、战略及政策的研究，把握新型研发机构发展的内在规律，明确新型研发机构在国家和区域创新体系中的定位及核心功能。

①要根据新型研发机构投资主体的利益诉求明确定位。政府主导建立的新型研发机构应重点关注基础研究、行业共性技术研究，提供公共性科研服务。高校或科研院所主导建立的新型研发机构应重点关注基础性前沿研究及原始性创新，对高校或科研院所已有科研成果进行产业化应用。企业主导建立的新型研发机构主要从事应用研究或应用技术开发，旨在满足企业发展的技术需求。②要根据新型研发机构服务产业明确定位。新型研发机构要坚持产业需求导向的科研方向，明确新型研发机构服务的重点产业领域及其环节，

明确技术创新的重点方向。③要根据创新链环节明确定位。新型研发机构要找准自身在创新链的定位，选择在科技研发与成果转化、创新创业与项目孵化育成、人才培养与团队引进等某个或某几个环节作为重点。④要根据与区域创新体系中其他主体关系明确定位。新型研发机构要处理好新型研发机构之间、新型研发机构与区域创新体系中政产学研金服用各方的关系，突出特色优势，搞好衔接配合，避免重复建设。

（二）做好战略布局和总体规划

新型研发机构是围绕创新目标，组织创新资源、打造创新平台、开展创新活动的创新主体，是国家创新体系和区域创新体系的重要组成力量，在和企业、高校、科研院所协同配合中发挥作用。要加强顶层设计和统筹规划，把新型研发机构放入国家和区域创新体系当中来定位、谋划和推进，使其与产业经济发展需求相适应，统筹处理好新型研发机构与传统科研机构的关系、处理好新型研发机构之间的关系，做到相互补充、相得益彰，避免重复建设；处理好新型研发机构与高校、科研院所的关系，做到基础研究、人才培养、学科建设和技术开发、科技服务、创业孵化和科技投融资有效衔接；处理好新型研发机构与企业、产业之间的关系，做到既立足当前产业基础，又适度超前，发挥引领作用。

要按照"立足实际、面向未来，壮大规模、优化布局，强化能力、赋能发展"的要求，优化新型研发机构的布局、结构、功能和发展模式，搞好区域新型研发机构体系的规划，形成点面结合、重点突破、统筹推进、协同创新的局面。要立足战略需求，与地方的教育基础、科技底蕴、发展规划、产业发展、社会需求相结合，强化新型研发机构体系设计、统筹布局和协调发展，统筹规划好新型研发机构的发展方向、战略目标、角色定位、数量规模，选择重点突破领域和重点扶持对象。

一是鼓励多元主体参与，完善新型研发机构主体结构布局。在基础研究和公益性科研服务领域由政府独自组建新型研发机构；地方政府结合区域创新需求、产业特色、发展规划，联合科研院所、高校、企业等主体，共同组建新型研发机构，为新兴产业发展与传统产业转型升级提供技术支持，带动区域产业与经济发展。克服传统科研机构组织管理行政化，发展目标单一，科研与产业发展、社会需求脱节等问题，引导传统科研机构转型为新型研发机构。鼓励科研机构、高校以研发团队、研发成果、专利技术等作为出资，与企业联合建立新型研发机构；鼓励外资企业、国有企业、民营企业在内的各类企业新建新型研发机构，或者将原有的研发部门改组为新型研发机构。通过设立专项扶持资金、提供优良创业环境、加大税收减免等方式，鼓励海内外优秀科研人员、科研团队组建新型研发机构。

二是要围绕创新驱动发展战略，调整优化新型研发机构科研布局。紧密结合区域产业发展、国家重大战略、世界科技发展大势，构建梯度式、网络状、结构化的创新型研究院体系。面向国际前沿领域创新竞争，突出基础性、前沿性，培育一批国际上有重要影响的新型研发机构，抢占全球科技创新制高点；服务国家及区域创新战略，突出基础研究与应用研究结合，做强一批国内领先的新型研发机构，引领国内产业领域创新方向；服务地方创新及企业发展，突出应用需求研发导向，提升一批具有行业引领性、服务支撑性的转型发展类新型研发机构。

三是要瞄准发展需要，完善新型研发机构的产业布局。要梳理区域产业发展的现状和基础条件，追踪全球产业发展趋向，制定区域产业发展规划。要重点梳理产业链各环节技术创新需求，以需求为导向布局新型研发机构，补齐产业技术创新的短板。在创新功能方面，新型研发机构要聚焦重点，避免资源分散和大而全的布局，根据产业发展的不同阶段和需求，在平台建设、人才引进、研发布局上，聚焦基础研究、应用基础研究、关键共性技术研发、前沿引领技术和颠覆性技术攻坚、科技投融资和成果转化等部分或全部创新功能。

四是要促进均衡协调发展，优化新型研发机构区域布局。在国家层面，要控制高校院所与地方合作共建科研机构的总量，避免无序过度扩张和圈地圈钱行为；要建立全国统一公开的新型研发机构数据库，实现动态管理、资源共享；要从国家层面对欠发达地区新型研发机构发展给予政策和资源等方面倾斜，促进欠发达地区新型研发机构发展；要促进机构群体的均衡发展，还要以专题讲座、走访调研、座谈交流等形式提升各地区，尤其是中西部和东北地区新型研发机构管理部门的认识，增强以新型研发机构为抓手，促进区域创新体系建设，以及科技与经济融合发展的意识。在省域和市域层面，也要统筹协调新型研发机构建设，坚持产业需求导向，进行总量控制，避免重复建设，促进资源共享。

（三）强化新型研发机构政策支持

2019年9月，科技部印发《关于促进新型研发机构发展的指导意见》，对新型研发机构的内涵、功能定位和运行管理做出指导规范。新修订的《中华人民共和国科技进步法》明确国家支持发展新型研发机构等新型创新主体，完善投入主体多元化、管理制度现代化、运行机制市场化、用人机制灵活化的发展模式，引导新型创新主体聚焦科学研究、技术创新和研发服务，赋予其新型创新主体的法律地位。各地政府通过"一事一议"方式支持新型研发机构在人员管理、经费管理、科研自主权等方面开展体制机制的创新探索。

新型研发机构具有多个主体协同、整合多种创新资源、集成多种创新功能的特性，政府要结合新型研发机构发展面临的新形势、新需求，研究制定管理办法和有关扶持政策举措。要坚持需求导向，政策要覆盖科学研究、技术开发、成果转化、创业孵化、投融资，以及初创期企业成长等不同阶段不同创新功能的需求。要坚持系统集成，新型研发机构创新政策的作用对象相对广泛，政产学研金服用及各类组织、个人都是参与新型研发机构的重要参与主体，都会对创新活动产生影响，必须更加注重政策的系统性，运用多种政策工具打好"组合拳"：既包括科技投入的政策，也包括创新主体类政策、产业创新类政策、创新基础设施政策、创新环境政策等；既有供给侧的创新政策，也有需求侧的创新政策；既包括研发资助、投资补贴、减免税、政府采购、创新券等降低创新成本、增加技术供给和市场需求的财政税收手段，也有贷款贴息、担保、风险补偿、知识产权质押、创投引导基金等促进投融资的金融支持手段，还包括质量、标准、环保等技术性监管手段。要坚持精准有效，即不同类型新型研发机构的定位功能、组织特性、资源依托和发展阶段不同，对政策的需求也不尽相同，应厘清不同类型新型研发机构的定位、需求和问题，研究制定精准化的支持政策。要注重普惠性和竞争中性。提高普惠性创新政策的有效性和受益面，发挥制度性创新政策的基础性作用，构建公平竞争，适于创新的基础制度环境，让创新者通过市场获益。加强知识产权保护，让创新者可以通过知识产权获得收益创新。打破政策支持的所有制界线，对企业性质、事业性质和民办非企业性质的新型研发机构给予同等服务和支持。要注重发挥市场机制在政策体系中的作用，减少政府部门直接配置资源、管理具体项目和机构，增强市场对技术研发路线选择和各类创新资源配置的导向作用。

二、采取多种措施,提升治理水平

要总结经验,把握规律,探索创新,增强治理的针对性、科学性、有效性,建立分层治理、协同治理、分类治理、数字化治理体系,健全事前规划引导,事中服务支持,事后监管考核相衔接的全生命周期治理体系。

(一)从治理层级上,形成顶层治理机制

在国家层面,要在各地探索和试点的基础上,建立新型研发机构政策框架,优化新型研发机构目标体系。在发展规划上,要把新型研发机构发展作为国家创新体系和国家战略科技力量的主要内容,充分发挥新型研发机构在创新驱动发展战略和科技自立自强中的重要作用,将新型研发机构建设作为我国科研布局的新生力量,与国家实验室、国家重点实验室、重大科研基础设施、技术创新中心、制造业创新中心、产业创新中心等一道列入国家层面发展规划和年度计划,充分发挥国家发展规划战略导向作用,发挥年度计划宏观引导作用。在科研布局上,要明确新型研发机构与其他创新主体的功能定位和职责界限,形成优势互补、错位发展的科研布局。在政策协调上,要在国家层面完善加强财税、金融、科技、人才、产业、投资、消费、区域等政策的协调配合,建立相关部门会商等机制,强化政策统筹协调。在发展导向上,要建立健全新型研发机构发展的指标体系、政策体系、标准体系、统计体系、绩效评价办法,引导新型研发机构发展方向。在体制机制改革上,要在科技体制改革方案中增加新型研发机构的试点内容,不断总结改革举措,推广改革经验,并上升固化为政策措施或法律法规。要根据国家重大发展战略、重大规划实施、重大工程建设、重点区域创新发展的需要,择优择需支持地方建设国家级新型研发机构,通过国家级新型研发机构带动和引导地方新型研发机构规范有序地发展。

(二)从治理主体上,形成联合治理机制

在区域层面,对新型研发机构的扶持管理,不仅涉及科技行政管理部门,还涉及财政、土地、税收、金融等部门,因此要建立多部门联动机制和跨部门协调机制,为新型研发机构注册登记、土地使用、投资建设、资金融通、人才引进、技术创新、技术服务、成果转化和创业孵化等事项提供政策支持和服务。要对新型研发机构的研发方向、研发布局统筹管理,避免重复建设和投入。要做好政策衔接,确保政策的整体实施效果。对从事应用基础研究

和原始性创新活动、前沿引领技术、关键核心技术攻坚开发取得重大进展的，给予额外的资金扶持。对于低水平重复建设的领域，要降低补助标准、不予认定或引导退出。在微观层面，新型研发机构一般由多元主体参与建设，政产学研各方主体都要按照职能定位在机构治理中发挥相应作用。

（三）从治理体系上，实施分类分级管理

新型研发机构因建设主体、功能定位、法律地位、资源条件不同，需要进行分类指导和管理，实行差异化的认定标准、考核指标、支持措施和管理原则。例如，对于政府主导的新型研发机构，在建设初期主要由政府投资建设，保障科研工作正常进行。随着新型研发机构运营走向正轨，政府只保留基础研发领域的投资，鼓励新型研发机构通过民间研发合作、对企业提供技术服务、科研成果转化、创业企业孵化等市场经营活动获得运营资金。对于科研机构或高校主导的新型研发机构，主要通过知识产权制度改革，完善科研成果产业化中的知识产权市场化制度，鼓励新型研发机构通过科技成果转让、孵化和入股等方式获得经营收益。对于企业主导的新型研发机构，则要发挥企业的产业与资金优势，侧重于消除制度性障碍，帮助企业规避研发风险。

（四）以治理为抓手，健全绩效评价体系

新型研发机构绩效评估是新型研发机构功能定位和使命任务的具体体现，是新型研发机构创新发展的指挥棒和风向标。新型研发机构绩效评价存在若干困扰。一是价值困境。新型研发机构的公共服务性、市场营利性如何权衡？二是多元主体困境。新型研发机构由政产学研多元主体共同建设，不同主体目标不同、需求与贡献不同，新型研发机构绩效评估为什么评、谁来评、用什么方式评和评估什么等，需要认真思考与分析。三是组织困境。新型研发机构有企业、事业、民办非企业等不同组织形式，评价考核方式和重点不同。四是功能困境。新型研发机构集基础研究、应用基础研究、技术开发、成果转化、创业孵化、科技投融资等多种功能为一体，对不同功能的评价主体、标准和方式也不同。

为准确评估新型研发机构的创新绩效，引导新型研发机构发展方向，应根据绩效实践建立科学的绩效评价体系。要进行综合评价、年度抽查评价等绩效评价机制，以及综合性、全方位的评估。主要依据章程进行评估，既包括科研机构的宗旨、发展目标、功能定位、社会服务职能、领导体制、治理结构等，也包括科研管理、人事管理、财务资产管理等。要建立以绩效、贡献、质量为导向的新型研发机构成果评价体系，实行定量考核与定性分析结合，直接产出与间接效益结合，短期与中长期效果结合，研究项目与能力建设结合。

一是明确分类评价原则。由于新型研发机构法人地位、功能定位不同，所以在对新型研发机构进行评价时，要充分考虑不同类型新型研发机构的发展特点及阶段特征，按照导向性、客观性、特色性、可操作性的原则，重点从科研研发投入、基础研究能力、技术成果产出、成果转化效益、企业孵化数量、产业化水平、现代化治理结构、运营管理模式、市场经营效果、高层次人才、团队协同创新能力、创新文化建设等方面构建新型研发机构评价体系。例如，定位于基础研究的研发类新型研发机构要围绕论文发表数量、刊物级别、课题的数量、级别、经费、科研成果等方面进行评价，根据科研投入、创新质量等推动科学研究的实际贡献来评价发展成效；定位于成果转化的服务类新型研发机构更多强调市场导向，以满足产业需求为目标，以对产业发展的贡献来考核研究成果，重点突出成果转化、企业孵化和企业研发服务等指标，以催生新产业和创造社会财富，代替传统以论文、专利为绩效的评价方式，引导新型研发机构面向产业发展进行管理机制、运营模式等方面的创新和突破，提升发展水平。

二是评价机构和评价科技成果、人才相结合。科技成果评价是科研机构开展科技活动的重要指挥棒，有效的科技成果评价能更好地激发创新主体和科研人员积极性。要坚持科技创新质量、绩效、贡献的核心导向，统筹发挥市场和政府作用，采取分类、多维度、多层次、差别化的评价方式，调动各方面积极性、主动性，全面准确反映成果的创新水平、转化应用绩效和对经济社会发展的实际贡献，形成良好的评价生态。

要全面准确评价科技成果的科学、技术、经济、社会、文化价值。科学价值中，重点评价在新发现、新原理、新方法方面的独创性贡献；技术价值中，重点评价重大技术发明，突出在解决产业关键共性技术问题、企业重大技术创新难题，特别是关键核心技术问题方面的成效；经济价值中，应重点评价科技成果的推广前景、预期效益、潜在风险等对经济和产业发展的影响；社会价值中，应重点评价在解决人民健康、国防与公共安全、生态环境等重大"瓶颈"问题方面的成效；文化价值中，应重点评价科技成果在倡导科学家精神、营造创新文化、弘扬特色社会主义核心价值观等方面的影响和贡献。要健全完善科技成果分类评价体系，全面准确评价新型研发机构创新成果的创新水平、转化应用绩效和对经济社会发展的实际贡献。

健全科技成果分类评价体系。根据基础研究、应用研究、技术开发和产业化等的不同成果类型，探索形成符合科学规律的多维度、多层次的分类评价机制。基础研究成果以同行评议为主，推行代表作制度，实行定量评价与定性评价相结合；应用研究成果以行业、用户和社会评价为主，注重高质量知识产权产出，把新技术、新材料、新工艺、新产品、新设备、样机性能等作为主要评价指标；技术开发和产业化成果以用户评价、市场检验和第三方评价为主，实行谁委托科研任务谁评价，谁使用科研成果谁评价，把技术交易合同金额、市场估值、市场占有率、重大工程或重点企业应用情况等作为主要评价指标。

创新科技成果评价的方式方法。围绕科技成果的多元价值、多种形式等加强科技成果评价的理论和方法研究，特别是利用大数据、人工智能等技术手段，发展新的评价方法。随着科技发展和创新范式的变化，科技成果的价值评价也需要与之相配套的新方式、新方法。

新型研发机构要遵循科技创新规律和人才成长规律，以激发科技人才创新活力为目标，按照创新活动类型，构建以创新价值、能力、贡献为导向的科技人才评价体系，引导人尽其才、才尽其用、用有所成。要建立以创新价值、能力、贡献为导向的科技人才评价体系，坚持"干什么，评什么""谁用谁评"的原则，完善评价标准、改革评价方式、科学设置评价周期、坚持开展分类评价。推行代表作评价制度，建立健全责任制和军令状制度，实行"揭榜挂帅"，让人才把才华和能量充分释放出来。

三是采用多元化评价主体。不同阶段、不同类型的科技创新活动，往往形成不同形态、性质、价值的科技成果。科技成果评价要根据成果的特点和应用需求，按照谁委托任务谁评价，谁使用成果谁评价的原则，构建由政府、企业、金融投资机构、第三方社会组织等共同参与的评价结构，充分调动各方面积极性，形成科学合理、多元主体协同作用的制度安排。要坚持科技创新、质量、绩效、贡献为核心的评价导向，对新型研发机构进行科学分类，实行多维度评价。首先是市场评价和客户评价，对新型研发机构的绩效评价更加尊重科研规律，实行个性化合同管理制度，谁投资建设谁评价、谁委托课题谁评价、谁应用成果谁评价，发挥市场对技术研发方向、路线选择、创新要素配置的导向作用；要发挥金融投资在科技成果评价定价中的作用，引导金融机构、投资公司对科技成果潜在的经济价值、市场估值、发展前景等进行商业化评价；要发展科技成果市场化定价，发挥行业协会、学会、研究会、专业化评估机构等第三方机构在科技成果评价中的作用。其次是政府主管部门评价，政府作为新型研发机构的主要建设方，可以委托第三方中介机构开展客观、公正、专业的评价。再次是员工评价，由员工对新型研发机构的工作环境、运行效率、内部管理等方面进行评价。最后是自我评价，由新型研发机构对自身进行评价，结合自身的发展定位、发展目标，评价自身的阶段性成绩与不足，找出下一步的发展方向。

四是合理设置评价周期。新型研发机构要制定阶段性发展计划与年度目标，通过年度考核与周期性评价的方式，评估经费的使用绩效，并根据考核的结果决定后续经费的拨付。对接受政府资助的新型研发机构进行不定期抽查，了解新型研发机构的科研投入、人才引进、平台建设、科研成果产出、产业化成效等。要加强中长期评价、后评价和成果回溯评价，提升科技成果评价的准确性、可靠性和可用性。例如，南京市对新型研发机构采取分阶段绩效考核方式。新型研发机构处于发展初期，绩效评价突出机构体系和能力建设，考核以人才团队、研发场所、中试平台、创投基金、孵化产出5个维度为依据进行评价；中期以团队建设、研发投入、孵化产出等重点指标为依据进行考核；后期强化第三方论证评估，突出分档培育、分类考核。

五是强化绩效评价结果的应用。要强化契约精神，严格按照任务书的约定逐项考核指标完成情况，对绩效目标实现程度做出明确结论。要以问题导向，引导方向。绩效评价结果要向各新型研发机构进行反馈，指出存在的问题并提出改进建议，引导新型研发机构发展方向；要结果导向、分级支持。绩效评价结果应作为项目调整后续支持的重要依据，以及相关研发管理人员和项目承担单位、项目管理专业机构业绩考核的参考依据。根据绩效评价结果对新型研发机构采取相应的政策措施，对于考核结果优秀的给予奖励，对于考核结果不及格的责令整改并降低扶助标准。对于绩效考核结果多年为优秀的新型研发机构，认真总结其先进经验，做好典型引领工作，选取一批示范单位在全国推广，为其他新型研发机构提供经验借鉴。

六是建立起科学的考核机制，特别是容错机制。关键技术的创新充满着不确定性，这就需要建立起科学的考核机制，特别是容错机制，警惕出现过分苛责的现象，不打击创新积极性，但也要奖优罚劣，最大程度激励创新、提升活力。

(五) 从治理过程上, 开展全生命周期管理

新型研发机构存在拥有创立、发展与分化不同阶段的生命周期。在生命周期的不同阶段, 新型研发机构所需要的资源不同, 面临的问题和挑战不同, 对科技创新政策的需求不同, 管理的侧重点也相应有所不同。在创立期, 运营资金匮乏, 创新资源集聚和创新成果储备不足, 研发布局还处于初始阶段, 研发创新和服务能力尚未建立, 还不具备"自我造血"功能, 同时由于科研活动具有公益性与外部性特征, 政府应该给予资金、载体、政策等方面的大力支持。发展期是新型研发机构成长的黄金期, 在这个阶段, 新型研发机构资源集聚能力不断增强, 科研布局和创新平台建设持续展开, 创新成果不断涌现, 对产业和企业的研发服务能力不断提升, 市场化盈利能力不断提升。政府管理的重点是为新型研发机构的发展营造良好发展环境, 推动、落实各项政策措施, 通过调研反馈进行改进。分化期是新型研发机构的转折期, 有的新型研发机构经过市场考验, 具备了资源集聚、研发创新、创业孵化、技术服务和市场化盈利能力, 走上可持续发展轨道。反之, 有些新型研发机构不能经过市场考验而逐步退出, 出清后腾出资源。在这个阶段, 政府应该甄别新型研发机构评价, 并分类处置。在全生命周期管理过程中, 要按照需求导向、总量控制、竞争择优、优胜劣汰的原则, 建立新型研发机构准入和退出机制。首先, 应该完善新型研发机构的准入机制, 要根据设立主体、法人地位、功能作用等建立认定标准, 通过准入制度设计, 实现总量调控和结构优化。其次应完善新型研发机构退出机制。应完善新型研发机构的退出标准, 从研发产出、成果转化、社会贡献与发展潜力等方面对新型研发机构进行全方位评价, 将评价结果作为退出依据。

(六) 从治理工具上, 活用数字治理工具

数字化不仅会影响创新主体参与创新活动的方式, 还会影响创新结果及其应用。通过数字手段形成治理生态, 在创新链、产业链上进行全链条监测, 推动各部门之间形成高效的互动合作关系, 确保人才、技术、资本等各类要素向创新创业聚集, 促进创新创业主体间的复杂适应和开放协同, 推动创新链与产业链深度融合。新型研发机构可以利用数字化转型丰富、优化创新要素体系, 加速创新要素组合, 重构创新网络, 形成新的创新动能, 完善科技创新流程, 提升科技创新效果与质量。新型研发机构数字化转型一方面关注

如何以数字技术优化流程，提升内部科研协作效能，另一方面关注如何借助于数字化协同管理，打造新的合作模式，集聚战略合作伙伴，形成国内精密织网、国际精准对接的科技合作生态。

要建立新型研发机构信息服务平台和数据库。要建立区域，乃至全国新型研发机构数据库，通过机构备案管理，汇总、掌握新型研发机构数据，充分利用大数据等统计技术手段，对新型研发机构进行动态监测和精准服务，同时开展政策研究支撑科学决策。

新型研发机构要利用数字化手段和技术，开展技术研发和机构治理。以人工智能、大数据、云计算、物联网、5G、区块链为代表的新一代信息技术飞速发展、快速渗透。共享经济、平台经济等新业态和新模式蓬勃兴起，在产业技术场景巨变的背景下，应树立转场思维，把研发作为产业，把技术成果作为商品，运用互联网思维、平台思维、协同思维建设新型研发机构正逢其时。新型研发机构要把产业技术创新大数据作为战略性资源，探索"人工智能+科技研发""大数据+科技研发""云计算+科技研发""互联网+科技研发"等新模式。探索"共享研发""互动研发""协同研发"新业态，构建基于区域创新资源，服务区域创新需求，面向全球整合资源，全时在线、开放协同的产业技术创新大平台，运用平台思维整合资源、促进协同、放大效应，将线上平台与线下网络融合起来，将技术的供方与需方连接起来，将创新资源的闲置方和创新研发的需求方共享起来，将政产学研金服用各创新主体协同起来，将基础研究、技术创新、产业化环节贯通起来，降低创新成本和交易成本，提高创新效率和效能。

三、优化创新环境，完善创新生态

（一）营造良好的市场环境和政务环境

政府要按照"放管服"相结合的原则，减少对新型研发机构的直接干预，通过制定完善的法律政策体系，构建科学合理的监管体系，确保市场机制顺利运转，为新型研发机构的发展提供良好的市场环境。在技术追赶阶段，由于技术和产业发展路线比较确定，一些部门通过选定产业、技术路线，制定发展规划并重点扶持少数企业，并采取土地补贴等支持方式，推动技术进步和产业发展，取得一些成效。但是，进入前沿创新阶段，技术进步和产业发展的不确定性增加，需要更多发挥市场机制配置资源的作用。但一些部门仍习惯于直接选企业或定路线、考核评比等方式，使企业围着政府的指挥棒转，而不是根据市场需求来决策。

要营造激励创新的公平竞争环境，发挥市场竞争激励创新的根本性作用，强化竞争政策和产业政策对创新的引导，促进优胜劣汰，增强新型研发机构创新活力。要促进企业真正成为技术创新决策、研发投入、科研组织和成果转化的主体，积极参与新型研发机构建设，发挥出题者作用，引导新型研发机构的研发方向和布局。新型研发机构要发挥市场对技术研发方向、路线选择和各类创新资源配置的导向作用，让市场配置资源、需求引领方向，建立与市场接轨且符合研发机构运行规律的管理机制、运行机制和激励机制。

（二）完善面向市场的科技服务体系

加快发展科技服务业，健全新型研发机构市场化科技服务体系。一是大力发展科技金融服务。支持新型研发机构发展创业投资、风险投资，拓展企业孵化等业务。支持股权投资、天使投资等科技金融机构集聚发展，拓展新型研发机构融资渠道。引导以天使投资、风险投资、科技保险、专利证券化等方式参与技术资本化，拓展退出渠道。推动科技银行、科技担保、科技保险等专业化金融服务机构发展，围绕新型研发机构投融资问题提出针对性方案。二是完善知识产权服务。培养引进知识产权服务机构，完善知识产权交易平台和网络，面向新型研发机构提供技术转移、成果转化、知识产权运营等服务。三是鼓励发展创业孵化、中试熟化、成果转化、检验检测认证等各类专业化服务。四是加强科技、金融、产业之间的协同配合。新型研发机构要处理好政府科技项目和市场服务项目的关系，既借助于财政科技经费夯实基础条件，提升研发能力，又主动面向市场需求拓展服务范围，提升市场服务能力和可持续发展能力。

（三）健全新型研发机构科技金融体系

为解决新型研发机构由运营资金不足造成的发展受限问题，政府可通过创新财政投入、引导激励社会资本投资和加大创投基金培育力度等方式帮助新型研发机构解决融资难题。在建设初期，新型研发机构"自我造血"能力尚未建立，政府应重点从设备购置、载体建设、运营补贴、科研经费等方面给予财政扶持。建设期满后，政府根据新型研发机构绩效评价情况，从新购科研仪器设备补助、研发经费支出补助、创办企业补助等方面给予支持。政府还可以通过设立专项引导基金、购买服务等方式，完善风险资本投资、知识产权质押、股权质押贷款、科技担保、科技保险、科技企业信用贷款等科技金融方面的政策措施，引导各类创新要素向新型研发机构集聚，推动实现由以政府投入为主向社会投资为主转变。

针对新型研发机构成果转化和创业孵化企业，要根据企业不同发展阶段的特点和需求，建立、完善科技创新全周期金融服务体系，以全周期、全要素的扶持政策体系促进科创企业高质量发展。针对初创期科创企业，重点通过基金专项补助、政府引导基金让利等方式集聚天使投资、创业投资，解决科创企业融资"最先一公里"难题；针对成长期科创企业，重点从贷款利息补贴、风险补偿、保费减免、资金奖补等方面强化支持；针对成熟期科创企业，主要从上市辅导、股权融资、债券融资等方面给予支持。

目前，我国创业投资引导基金的规模仍然偏小且地区分布不均衡，对种子期、初创期企业的投资比例偏低。政府以财政基金引导、运营补贴、投资奖励等方式，加大对创投基金的扶持力度。应进一步扩充创投引导基金的规模，将政府财政资金按比例投入引导基金，形成稳定的增长机制。明确规定创投引导基金的投资方向，专注于种子期和初创期企业的投资，并优化财政科技投入支持企业创新的方式。建立新型研发机构科技企业库，开展融资路演、企业对接等活动，引导创投机构投资布局优质高科技项目。要综合多方数据建立企业图谱、产业图谱、技术路线图等，搭建信用评价、投资人评价机制，降低产业金融对接成本。

四、加强自身建设，强化创新功能

（一）新型研发机构要明确目标功能定位

要对新型研发机构从法律地位、组织属性和功能定位等角度进行科学界定，并根据其功能定位给予政策引导和规范治理。新型研发机构要以引领产业高质量发展为主题，以市场化为导向，以产业化为目的，以改革为动力，大力开展原创性和基础性科学研究、关键核心技术研发、科技成果转化、创业孵化、投融资等创新活动。

新型研发机构要加强产业战略研究与发展规划实施。新型研发机构要坚持以"四个面向"为发展导向，依据功能定位和科技创新需求，制定中长期发展规划，明确年度关键绩效指标，源源不断产生原创性成果，建设高能级创新平台，集聚高层次人才，培育创新型企业，赋能产业发展。要聚焦实体化高效运行，更加注重凝练方向、错位发展、合作共享。积极对接国家重大战略和地方发展需求，明确发展定位，专攻擅长领域，避免由功能大而全造成的资源分散配置。要坚持专业化方向，强化研发主责主业，把以需求为应用导向的基础研究和竞争前技术的开发作为重点，要着力攻克产业关键共性技术和涉及国计民生的"卡脖子"技术，加快成果转化应用，打通从科技强到产业强、经济强的通道，把科教优势转化为发展胜势。

（二）新型研发机构要健全法人治理体系

政府要对新型研发机构实行负面清单制度，做到放权、管理、服务相结合。要坚持充分授权与外部监督相结合，规范并加强举办单位、登记管理机关等相关部门的监管职责，对新型研发机构的国有资产和重要财务进行监管，建立健全信息公开披露和审计监督机制，健全国有资产管理制度，以及国有资产流失责任追究和惩戒机制。

治理结构是保证新型研发机构作为法人单位进行组织管理的基础，也是确保体制机制持续运行的重要一环。新型研发机构既面向市场需求，又需要满足公共价值，因此其治理结构需要兼顾和平衡各个创新主体的利益诉求，同时能够成为研究院专业化和高效率运作的基础。要落实法人自主权，建立健全完善的法人治理结构和治理体制。要明确各利益相关者的权利、义务与责任，构建以公益目标为导向、内部激励机制完善、外部监督制度健全的治理体系。

新型研发机构具有内在的价值冲突，反映在体制机制上，就出现了各种模式的探索。理事会领导下的院（所）长负责制是现代科研院所制度的重要组成部分。新型研发机构以政府为引导，以理事会为领导，实行院（所）长负责制。理事会由政府、高校、科研院所、企业及专家等各个方面的人员组成，负责确定机构的发展方向，审议重要规章制度、战略规划、财务预决算报告、薪酬方案等，对重大事项进行决策。院（所）长公开招聘，负责日常的研发组织工作。

新型研发机构要建立决策、执行、监督、反馈、提升的全过程运行机制。新型研发机构内部组织架构的设计要和机构的功能定位相适应，实现科研创新活动各环节之间衔接的重点在于科研、创新、创业、服务等各业务板块之间的平衡。新型研发机构主要包括研发体系、创业转化、专业服务、金融投资等模块，针对不同模块的技术服务需求，需要设置不同的部门进行科技成果转化的服务和支撑。要实行严格的目标责任制考核与合同契约制管理，形成优胜劣汰、合理流动、优化高效的管理体制。

（三）新型研发机构要深化体制机制改革

体制机制创新是科技创新的动力来源，也是新型研发机构发展的题中应有之义。新型研发机构要建立覆盖人、财、物各种创新资源和要素的运行机制，包括全方位引才和人力资源管理机制、财务和投融资管理机制、科技项目管理机制等。建立覆盖基础研发、成果转化、产业发展、创业孵化全过程，以市场为导向的激励创新创业的创新机制，包括科研项目协同攻关机制、科技成果转化机制、创业孵化机制、常态化考核机制等。

一是创新人才引育和激励机制。新型研发机构树立"不求所有、但求所用""事业留人、待遇留人"的理念，在人才选聘、激励、评价、保障等方面积极开展制度探索，创新人才的筛选、引进、培养和交流机制。新型研发机构对人力资源的要求是多类别、分层次和分领域的，需要探讨适合行政管理服务人员、平台技术支撑人员、项目经理、科技型企业家等不同类型人员的管理模式。在人才聘任上，要按需设岗、公开招聘、平等竞争、择优聘任、合同管理。在科研人员管理上，实行以项目制、课题组聘用为主的固定岗与流动岗相结合的动态管理模式。在人才激励上，通过项目责任制、股权激励、协议年薪、终身聘用等机制对有关人员进行全过程激励。对业绩突出的相关人员，在职称评聘、职务晋升、薪酬奖励，以及股权、期权、分红权等方面给予优先考虑。推行项目经理责任制，由项目经理具体组织产业重大技术攻关、自主组建项目团队，项目产生的收益由团队自主分配。赋予科研人员更大技术路线决策权，科研人员具有自主选择和调整技术路线的权利。

二是优化投融资机制。科技活动的规律和特点决定了科技投入必须拓展投入来源渠道、构建多元化投入格局。随着我国社会主义市场经济体制的完善、创新驱动发展战略的实施和政府职能转变，通过财政科技投入引导、财税等政策激励，有效拉动全社会科技投入，形成多元化投入格局。新型研发机构的研究经费来源要突破单一政府资助模式，充分调动全社会对创新投入的积极性，加快形成政府投入为主，社会投入多元化机制，构建包括政府资助、营业收入、社会或个人捐赠等经费收入综合多元模式。要采取会员制、股份制、协议制、创投基金等方式吸引社会资源参与建设，形成政府引导、市场化运作的多元化资金投入机制。政府经费占比越高，其功能越接近科研机构与实验室，往往也被赋予满足国家战略需求的使命；政府经费占比越低，新型研发机构越倾向于为企业服务，以获得维持机构正常运营的经费。在新型研发机构建设前期，以政府投资为主，多通过购买科研设备、建设科研平台、引进科研人才、开展科研活动，形成科研服务能力。在中后期，新型研发机构可以通过争取政府竞争性科研计划和项目、与企业联合研发、为企业提供技术研发服务、以技术成果作价参股孵化企业等方式，多渠道获取资金支持，逐步降低政府无偿资金占比，增加市场化盈利能力，形成政府与市场平衡的财务结构，形成以服务收入为主导、以项目投资为补充的市场化运作模式，逐步完成由"政府输血"到"自我造血"的转变，不断增强新型研发机构可持续发展能力。

梳理国外新型研发机构的经费收入与支出情况可以发现，新型研发机构的财务支撑模式具有特殊性，如弗劳恩霍夫协会的1∶1∶1模式，即机构稳定支持的预算与纵向课题、横向课题保持各占1/3。美国制造创新研究院是由产学研政联合组成的非营利创新联盟，按PPP方式由政府、学术界、企业界合作和共同投资建设，致力于开发世界级先进技术和能力。国家在最初5～7年给予资金和扶助，之后的存亡都由市场说了算，因此研究院需要建立稳定的资金源来维持运作和发展壮大。在5～7年的建设期间，联邦政府资助0.7亿～1.2亿美元，同时要求非联邦政府也配套资金，比例不低于1∶1。其中，2～3年后，联邦政府资金投入强度就开始下降，主要由研究机构、企业等私人部门提供。5～7年的资助结束后，联邦政府将退出执行委员会，不再介入制造创新机构的管理决策。

三是建立科学有效的科研项目管理机制。科研项目是科技创新活动的核心载体，优化科研项目组织管理是新型研发机构深化体制机制改革的重要任务。新型研发机构要建立面向需求的科学有效的科研立项生成机制，就要改进科研项目选题机制，既充分发挥政府作为科技创新组织者的作用，强化出资人角色，又充分发挥企业、行业学会、协会组织的作用，建立"自上而下"与"自下而上"相结合的方式，征集遴选科研项目选题和任务。要探索需求导向型科技成果生成与转化机制，紧扣国家和区域战略急需，建立与龙头企业、行业协会、产业联盟、政府部门对接机制，充分挖掘和精准把握产业技术创新需求。提高新型研发机构与产业企业的对接产出水平。要完善公平竞争的项目遴选机制，通过公开择优、定向择优等方式确定项目承担者和项目团队。新型研发机构还要积极参与"揭榜挂帅"项目，直接面向产业和行业技术需求。在确定科研项目立项方向时，学界、企业界、产业界要充分讨论，凝聚共识。要坚持研发活动市场需求导向，面向企业需求开展研发活动，通过与企业建立联合实验室或开展合同研发等方式，为企业提供技术研发服务。

要构建目标导向的组织模式。新型研发机构在科研立项、研发模式、项目管理等方面与传统科研机构相比具有较强的灵活性。新型研发体系通过以市场需求为导向开展立项、以项目为纽带搭建研发团队、以赋予项目负责人高度自主权的理念进行项目管理，提升科研成果产出效率。新型研发机构科研项目管理可借鉴工业化科技研发管理模式，总结推广"业主制""揭榜挂帅""赛马"等项目组织方式。要遵循科学研究、技术创新和成果转化规律，基础研究项目、应用研究项目、技术攻关项目要采用不同的组织模式，实行分类管理。基础前沿科研项目突出创新导向，公益性科研项目聚焦重大需求，市场导向类项目突出企业主体，重大项目突出国家目标导向。要健全项目管理责任机制，开展重大项目决策、实施、成果转化的后评价，形成责权一致的管理体系。科技项目管理上，要根据项目商业化成熟度，对项目进行评估和分级分类，确定其产业属性、开发阶段、资金需求及所需要匹配的服务。要构建全要素经营和全过程服务的科技开发项目运营模式，以创新链为基础，高度对接产业链需求，由不同部门运作管理，投入多种类型资金和要素。

四是建立激励创新创业的科技成果转化机制。新型研发机构要落实国家《中华人民共和国促进科技成果转化法》《实施〈中华人民共和国促进科技成果转化法〉若干规定》《促进科技成果转移转化行动方案》《关于实行以增加知识价值为导向分配政策的若干意见》《赋予科研人员职务科技成果所有权或长期使用权试点实施方案》等促进成果转化、明确成果转化收益的政策措施，探索先赋权后转化的创新方式，积极参加成果所有权和长期使用权试点，推进科技成果处置权制度改革，提高科技成果转化收益用于奖励人员及团队的比例，提高成果转化的积极性，让科研人员可以依法依规兼职兼薪创新创业，释放实实在在的创新红利。完善科研人员收入分配政策，健全与岗位职责、工作业绩、实际贡献紧密联系的分配激励机制。推进科技评价和奖励制度改革，制定导向明确、激励约束并重的评价标准。

（四）新型研发机构要推进多元主体协同

新型研发机构要探索以市场为牵引、以产业为支撑、以研发为核心、以效益为目标，与现代市场经济相符合的创新机制。要突出资源整合、开放协同，推动各类机构内部、机构之间，机构与政府机构、资本方、产业实体、科技服务等外部主体之间的运营协作、利益分享，完善"基础创新—科技成果转化—应用服务"的创新链条，营造高度开放、高效运转的区域协同创新生态系统。要推进多主体协同创新，促进政府、高校、科研院所、企业、金融机构与新型研发机构深度合作，探索共同出资、合作研发攻克核心技术、平台共建、技术入股、兼职创业、联合申报项目等模式，实现各合作主体的功能互补和优势互补，打通科技创新全链条。

新型研发机构要加强与区域内外各种创新主体的合作协同，通过各种开放创新机制，融入区域创新生态中。要与外部创新创业伙伴连接，构建柔性创新共同体，形成微创新体系。

（五）新型研发机构要积极融入全球科技创新网络

新型研发机构要大力实施开放合作战略，以更广阔的视野整合全球创新要素，加快融入全球科技创新网络，提高对全球科技创新资源的利用配置能力。一是开展合作科研。积极承担国际联合科研项目，履行前沿科学探索使命，不断提升人员队伍水平与科学研究能力。二是共建共享平台。要与国外高校院所共同组建联合实验室等科研平台，利用高素质人才资源和科研资源开展研发和技术服务，发掘引进有产业化前景的高科技项目。三是引进国际人才。按照"严招聘、优服务、淘汰制"的原则，建立与国际接轨的人才引进管理机制，以市场化手段开展人才选拔与聘任，探索项目经理责任制等方式选聘全球人才，探索柔性引才引智新机制。四是参与国际标准制定。以新型研发机构为主体搭建国际科技创新合作平台，发起国际科学技术组织，积极参与、发起、组织实施国际大科学计划和大科学工程。

第六章　新型研发机构探索的案例研究

山东省科技厅在2019年和2021年相继发布了《山东省新型研发机构管理暂行办法》《山东省新型研发机构备案标准》等文件，鼓励、支持、引导、规范新型研发机构发展。2019年7月底，山东省首家"四不像"新型研发机构——山东产业技术研究院在济南成立。随后，山东高等技术研究院、山东能源研究院、山东未来网络研究院、山东中科先进技术研究院等相继成立。截至2021年底，山东省经省科技厅备案认定的新型研发机构共299家，登记为事业单位法人的68家，主要分布在高端装备、新材料、新一代信息技术、医养健康等产业领域。

济南市深入实施创新驱动发展战略，积极争创综合性国家科学中心，全力打造"科创济南"。伴随着一系列支持政策出台，新型研发机构加速在济南落地，连线成片，组团发力，一大批重大科技成果转化项目填补了山东省，乃至国内产业空白，成为辐射带动全省新旧动能转换的新引擎。作为黄河战略引领下济南市科技创新的主战场，济南高新区创新发展动能更加强劲，产业能级不断提升，为新型研发机构发展营造了良好的环境。

第一节　济南高新区新型研发机构发展环境

济南高新区是1991年经国务院批准设立的首批国家级高新区，拥有电子信息、生物医药、高端装备制造、现代服务业四大主导产业和国家信息通信国际创新园、齐鲁软件园、中德（济南）中小企业合作区、济南高新技术创业服务中心等国家级专业园区，国家海外高层次人才创新创业基地、欧美同学会留学报国济南基地、科技部创新人才培养示范基地、侨梦苑华人华侨创新创业基地、国家级专家服务基地等国家级招才引智金字招牌。2016年跻身山东半岛国家自主创新示范区。2019年成为中国（山东）自贸试验区济南片区（简称"自贸试验区济南片区"）核心区。2021年在全国157个国家级高新区综合排名中第10位，迈入"世界一流高科技园区"序列。

成立30年来，济南高新区先后经历6次改革，已发展成面积291平方公里、常住人口42.4万的现代化新城。2021年新一轮改革，形成了济南高新区、自贸试验区、综合保税区"三区叠加"的外向型经济发展优势，推行"管委会+高新控股"企业化管理模式，四大片区分别配备园区服务中心、高新控股子公司和街道办事处"三驾马车"，对口负责服务企业、项目投融资和社会事务管理，人员实现交叉任职，体制机制更灵活，协同联动更高效。

一、产业转型能级加速跃升，对新型研发机构发展提出迫切要求

高新区战略性新兴产业的快速发展及未来产业的培育，对产业技术供给和新型研发机构提出迫切需求，一大批高技术、高成长企业为了增强市场竞争能力，锻造长远可持续发展能力，积极建设或参与建设新型研发机构，为新型研发机构发展提供了需求动力和资源条件。

高新区重点发展信息技术、智能装备、生物医药主导产业，以及量子科技、基因编辑、空天信息、区块链、网络空间安全、氢能源、工业芯片等高端前沿产业，实施企业梯次培育攻坚行动，促进科技型企业快速成长。2021年，济南高新区新一代信息技术产业打造大数据与行业应用软件、集成电路设计服务、人工智能、信息技术创新应用等产业集群，规模达到3200亿元，核心企业2000余家，依托浪潮集团、济南量子技术研究院等资源，建设算谷科技园和算谷产业园，打造全球算力产业新高地。高新区生物医药产业规模超1600亿元，位列全国生物医药产业园区综合实力前五。依托华熙生物等重点企业建设世界透明质酸谷，成为全球最大玻尿酸生产基地；齐鲁制药单克隆抗体生产线产能位居全国第一。高新区的高端装备产业形成交通及工程机械、信息通信、激光装备、新能源新材料、智能制造与机器人五大产业集群，产业规模达1850亿元，注册企业1700多家。壮大激光创新创业共同体，推进济南激光谷建设，打造我国北方最大的激光装备产业基地。加快布局培育量子科技、空天信息等战略性新兴产业，不断增强产业集聚能力。在量子技

术领域，量子保密通信"齐鲁干线"项目完成一期建设，量子雷达在量子通信、污染物检测、环保治霾等方面逐步实现产业化应用。

济南高新区全力推进互联网、大数据、人工智能同实体经济深度融合，是全省唯一获批"国家新型工业化产业示范基地（大数据）""国家数字服务出口基地"的园区，产业向数字化、高端化转型步伐加快。省级以上智能制造示范企业（项目）数、企业上云上平台当年新增用户数量均实现快速增长，分别由2016年的4家、340人，增长至2020年的10家、4500人；"双五"企业数量由2016年的4家增长至2020年的12家；全员劳动生产率由30.6%增长至36.5%。

截至2021年底，全区市场主体达11万户，企业突破7万家。其中，科技型中小企业突破2100家，高新技术企业1214家，占全省高新技术企业总数的1/10。国家、省市级瞪羚企业392家、专精特新企业791家，数量均居全市第一。截至2022年3月，全区上市挂牌企业达119家，其中上市企业21家、新三板挂牌企业98家、科创板上市企业4家。上市后备资源储备充足，纳入省级重点上市后备企业52家，占济南市一半以上。

二、创新驱动动能持续集聚，为新型研发机构发展奠定坚实基础

高新区人才集聚、平台富集、科技金融发达、区域创新生态体系完善，为新型研发机构的发展提供了资源要素，创造了多种主体协同创新的技术创新环境。

高新区坚持创新驱动发展战略，持续健全创新链条，构建优势突出、层次分明的创新体系。实施省区市政策联动，设立专项资金支持重大科技创新平台、新型研发机构、创新基地建设。落地建设中科院济南科创城、量子国家实验室济南基地等科创载体。中国科学院电工研究所、中国科学院大气物理研究所等10家"中科系"院所相继落户。引进建设了山东产业技术研究院、山东工业技术研究、山东区块链研究院、北理工前沿技术研究院等新型研发机构，省级以上研发机构数量达272家，位居全省高新区和全市各区县首位。园区共有各类双创载体55家，其中国家级孵化器、国家级众创空间25家，在孵企业近2000家。园区R&D经费支出占GDP比重4年持续上升，2020年达9.57%。2016年以来，获省科技厅批复的省重大创新工程项目超过100项，近3年获批省重大创新工程项目占全市比重超过50%。高新技术产值占规模

以上工业总产值比重为85.33%。2021年，技术合同认定登记额突破150亿，居全省开发区和全市各区县首位。全区共有山东省院士工作站20家，济南市院士工作站25家，拥有国家级人才137人，省部级人才186人。全力推进中科院济南科创城建设，着力打造科技创新高地和未来产业"策源地"。依托齐鲁科创大走廊，实施"廊""谷"联动，布局建设世界透明质酸谷、药谷、中国算谷、国际激光谷、量子谷等载体，承接科技项目落地，有力推动高质量发展实现"五谷丰登"。

三、新发展格局加快构建，为新型研发机构发展开辟广阔空间

高新区利用国家开放战略平台优势，加大对外开放力度，连接、整合全球创新资源，加快融入全球产业价值链，为新型研发机构的创新发展开辟更加广阔的空间。

高新区在更高层次探索创新驱动发展新路径，持续深化区域经济和科技一体化发展水平，区域辐射带动效应明显。从研发投入的带动作用看，园区R&D经费支出占济南市R&D经费支出的比例逐年上升，2020年达28.64%；园区高新技术企业数占山东自贸区济南片区的比例超95%。助推新发展格局的构建。探索引领国际化发展的体制机制和政策，推动更高水平对外开放，在引进来方面，对海外人才、资本、机构的吸引力持续提升，尤其是当年外商实际投资额增幅明显；在走出去方面，园区创新主体积极参与国际合作和创新竞争，尤其是境外研发机构数和企业当年PCT国际专利申请数大幅上升。利用济南高新区、自贸试验区、综合保税区"三区叠加"优势，依托综合保税区、中德企业合作区、中欧装备制造小镇等产业载体，创建国家级临空经济示范区，努力在畅通国内国际"双循环"上走在前。自贸试验区济南片区全年累计推出150余项制度创新案例，其中"链上自贸"数字化贸易和留抵退税一键确认制被省政府推荐全国推广。

四、营商环境持续优化，为新型研发机构发展创造了良好条件

高新区开展刀刃向内的体制机制改革，以优化人员结构、深化"放管服"改革，理顺政府和市场关系，优化营商环境打造服务型政府，一系列创新举措落地见效，为新型研发机构的发展提供了良好的政务服务环境和规范的市

场法治环境。

济南高新区推行了"党工委（管委会）+"体制，将内设机构归并整合为9个，对区内264项审批服务事项划转整合，积极承接省级行政权力事项及省政府下放自贸试验区济南片区事项。通过刀刃向内推进改革，使机构设置不断优化，事权体系更加科学，工作运行更加顺畅。济南市是"中国国际化营商环境建设标杆城市"，营商环境评价进入全国前十，高新区的营商环境也一直走在前列。坚持向改革要效率，通过减审批、提效能、强要素，不断打造一流营商环境。深入推行"管委会+高新控股"企业化管理模式。全国首创"一箱双链"模式，群众办事提交材料平均减少60%以上。在全省率先打造"区块链+政务服务"平台，为企业和群众建立"数字保险箱"，企业开办时间比承诺时间压缩75%以上。落实商事登记确认制改革，企业开办环节优化50%，办理时间缩短80%。开启"三区叠加—三级一体"在线审批新模式，为企业和群众提供统一便捷的线上"一网通办"和线下"一窗受理"服务。全国首推"即时审批"模式，实现"全天候、零见面"移动办理，推出"承诺+备案+许可"并联融合办理，聘任独任审批师，对高频政务服务事项实现简单事项"极简办理"，政务服务质量持续增强，企业开办实现半日办结，不见面审批率超75%，12345市民服务热线综合满意度（政务服务综合满意度）由2016年的85.39%增长至2020年的99.04%。

第二节 济南高新区新型研发机构发展情况

济南高新区把新型研发机构建设作为壮大创新主体、优化创新生态、促进产业链创新链融合的重大举措，完善科技研发局、加大投入支持力度，出台配套政策措施，加快形成产业需求导向、科研布局合理、体制机制创新、创新活力迸发的新型研发机构体系，为建设创新驱动发展示范区和高质量发展先行区建设提供坚实支撑。

一、济南高新区新型研发机构发展的现状

近年来，济南高新区先后注册成立山东省工业技术研究院（简称"山东

工研院")、山东产业技术研究院、济南人力资本产业研究院等20多家新型研发机构,初步建成了具有高新区特色的多层次新型研发机构体系,科技创新资源集聚效应初步显现,创新引领发展功能逐步形成,成为区域创新驱动发展的新引擎。从建设模式看,主要有政府主导型、高校院所主导型、企业主导型、社会组织主导型和团体或个人主导型新型研发机构。从单位性质来看,分为事业单位、民办非企业、企业3类新型研发机构。从承载功能来看,主要分为研发为主型新型研发机构和平台为主型新型研发机构。

高新区新型研发机构典型代表

一、政府主导型新型研发机构

1. 山东产业技术研究院

山东产业技术研究院成立于2019年7月,是山东省科技体制机制创新的龙头、全省第一家"四不像"新型研发机构。山东产业技术研究院实行理事会领导下的院长负责制,形成"产研院＋投资发展公司＋产业研发创新机构"架构体系。重点围绕智能计算、微纳制造、先进材料、绿色发展等产业领域,开展颠覆性、变革性的技术创新,培育发展新业态,促进产业转型升级。

建设模式:山东产业技术研究院采用政府投入与市场化服务相结合的运作模式,省市共担资金,济南市提供产业用地和发展载体。采用"总院＋加盟院所"的形式,打造技术创新"政府＋市场"双引擎。

机构特点:山东产业技术研究院资金支持来源稳定,成立以来发展速度较快,在经费管理、科研管理、绩效考核、科技成果转化等方面已经形成了完善的制度体系。山东产业技术研究院在全省范围内布局建立了6个分院、5个平台型研究院、49家直属研究机构、6家加盟研究机构和9家企业联合创新中心。设立了产业投资发展公司,孵化投资控股、参股高技术企业77家,形成了覆盖全省的科技创新网络。

2. 山东工研院

山东工研院于 2018 年 9 月成立，作为济南高新区第一家新型研发机构，山东工研院实行理事会领导下的院长负责制，建立"一院、一公司、一基金、一平台"体制架构，成立投资决策委员会，战略咨询委员会。山东工研院、山东工研院科技发展有限公司、山东工研院股权投资基金（合伙企业）分别负责战略布局、市场运营和投资孵化工作。

建设模式：山东工研院由山东省科技厅、济南市、山东大学三方共建。由山东省科技厅出台扶持政策，济南市政府提供建设用地并负责后续建设，山东大学提供科研技术人员和实验设备。

机构特点：建设"研发创新基地 + 育成孵化基地 + 产业发展基地"的 $3+X$ 载体。重点瞄准大数据与新一代信息技术、网络安全、光电子、地下工程与智能装备、智能制造与高端装备、生物医药与医疗康养、先进材料与新能源等产业领域，开展科技研发、成果转化、产业孵化和科技服务等。

3. 济南人力资本产业研究院

济南人力资本产业研究院成立于 2019 年 1 月，致力于人力资本产业基础理论、应用型理论研究，是国内首家人力资本产业领域研究院。

建设模式：由济南高新技术产业开发区管理委员会出资举办，济南人力资本产业开发有限公司运营管理。

机构特点：研究院探索人力资本价值转化和服务路径，实现了人力资本领域的四个"全国首创"：上线全国首个人才身价评估平台——"人才有价"评估平台，将人的综合信用以身价的形式呈现；构建全国首个以身价为基础的金融创新模式，用"身价评估"破解中小企业融资难题。创建首个全国人力资本主题产业园，推进以人才测评、人才大数据、人才金融等十大业态为核心的千亿产业体系建设。打造全国首个人力资本产业公共服务平台，通过大数据分析打造产业升级、动能转换、经济发展的重要风向标。但这些首创性的服务仍在初步探索阶段，既无理论模型，又无实践借鉴，需进一步的完善创新。

二、高校院所主导型

山东省科学院激光研究所济南研发中心成立于 2019 年 7 月，主要围绕能源与环境光纤智能检测技术、光纤传感与安全物联网等领域开展研发及科技成果转化。

建设模式：该中心由山东省科学院激光研究所和济南高新区联合共建，山东省科学院激光研究所提供技术团队与项目资源，负责该中心的日常运营和管理，济南高新区负责提供科研场所、配套资金扶持，研究成果双方共有。

机构特点：作为由山东省科学院激光研究所主导建设的研发中心，拥有较强的学科、人才、研发平台、科研设备和科研成果的综合优势，拥有雄厚的项目研发实力和出色的科研创新团队。

三、企业主导型

山东新一代信息产业技术研究院有限公司成立于2020年5月，围绕工业互联网、机器人、量子计算和云计算等领域开展技术研发及科技成果转化。实行董事会领导的CEO负责制，在运营管理与未来发展方面拥有较大自主权。

建设模式：公司由浪潮集团出资60%，山东产业技术研究院出资40%，联合共建。

机构特点：作为一家由企业主导建设的新型研发机构，其在创建初期就拥有来自浪潮集团稳定的研发团队（包含泰山学者、"5150"人才等）；研究领域方向聚焦工业互联网、机器人、量子计算和云计算等新一代信息产业前沿领域。

二、济南高新区新型研发机构建设成效

高新区新型研发机构持产业化方向，探索新型科研制度体系，形成了技术驱动型、资源整合型及孵化创业型等不同科技成果转移转化模式，通过开放合作集聚了国内外优质高端创新资源，对新兴产业的支撑引领作用显著增强。

（一）加速高端创新资源集聚

新型研发机构通过开放协同集聚创新资源，构建起政产学研金服用科技创新生态体系。搭建了产学研合作平台。新型研发机构整合高校院所和龙头企业资源，建设技术研发和成果转化应用平台近50个，强化研发创新和技术

源头供给。招引了高端创新创业人才。新型研发机构引进创新团队100多个，研发人员超过2100人，高端人才近200人。推进国际交流与合作。新型研发机构在美国、德国、英国、以色列等30多个国家和地区，与50多所高校院所及企业共建10余家国际联合实验室，开展协同攻关。

（二）探索科技成果转移转化新模式

新型研发机构立足产业技术创新需求，以激发源头创新和引领产业化为目标，探索形成了技术驱动型、资源整合型及孵化创业型等科技成果转移转化模式，共申请专利800余件，牵头或参与制定标准11项，转化前沿成果300余项，累计创办和孵化企业200余家。技术驱动型以市场需要为导向，以科学研究为核心，建立专业化团队和科研平台，形成科技成果"样品—产品—产业"转化链条。中国科学院苏州生物医学工程技术研究所创建的山东医疗器械创新研究院构建了"基础研究＋技术攻关＋成果产业化＋科技金融"全过程创新生态链，孵化济南国科科卫生物科技有限公司等5家企业，流式细胞仪和数字PCR获批山东省重大科技创新工程项目。资源整合型以政府主导建设为主，整合高校院所的科技成果资源，与地方产业经济发展需求对接开展成果转化。山东工研院通过集成高校院所科研资源、科技中介服务资源、行业协会的产业资源、股权投资机构的资本资源，进行科技成果转化。孵化创业型通过嫁接优质项目资源，提供从"技术研发—中试生产—资金支持—市场推广"等全方位支撑服务，提高高技术企业孵化率。山东中科先进技术研究院对接洽谈智能无线充电、外骨骼机器人、无人驾驶等40余个优质项目，引进孵化了山东中科卫泰智能科技有限公司等5个高科技企业。

（三）支撑引领新兴产业发展

新型研发机构研发方向覆盖智能制造与高端装备、生物医药与医疗康养、大数据与新一代信息技术等产业领域，与高新区产业发展方向契合。智能制造与高端装备产业领域中，山东产业技术研究院、北京理工大学前沿技术研究院等10家新型研发机构，围绕新能源汽车、激光装备、轨道交通、通用航空装备等领域开展关键共性技术研发。山东工研院引进泰山产业领军人才突破高端半导体激光器芯片核心技术。生物医药与医疗康养产业领域中，山东银丰生命科学研究院、山东工研院等聚焦新药研发、医疗器械、基因检测等领域开展技术研发与科技成果转化，不断延伸生物医药产业链条。大数据与新一代信息技术产业领域中，新型研发机构围绕工业软件、集成电路、大数据、云计算、人工智能领域，开展科学研究与工程化，推进产业向高端环节发展。山东产业技术研究院与浪潮集团共建山东新一代信息产业技术研究院，瞄准人工智能领域的关键核心技术，开展工程化、产品化集成验证研究，研发面向云端的服务器巡检机器人。新兴产业领域中，新型研发机构面向密码和网络安全、空天信息技术等产业领域，突破核心尖端技术，抢占产业发展制高点。山东工研院引进王小云院士建设网络空间安全技术协同创新中心、山东省密码技术与网络安全技术转化中心，推进建设重大关键技术研发平台及技术示范与成果转化平台。

（四）探索新型科研制度体系

探索了新型研发机构法人制度。部分新型研发机构实行"事业单位法人＋公司"管理体制，以事业单位申请科研经费、招聘科研人员，以公司法人为运营实体，快速响应市场需求，形成相较于传统研发机构，更加灵活的运营及科技成果转化机制。探索实施市场化运行、企业化管理。新型研发机构普遍实行市场化用人机制，开展全员聘任制，以较高薪酬吸引国内外高端创新人才和产业化人才，赋予高端人才组织研发团队、提出研发课题、决定经费分配的权力。创新科技成果转移转化、科研经费管理制度。新型研发机构实施科研经费"包干制"创新，转变科技经费无偿资助方式，试点采用"无偿资助＋直接投资＋基金投资"方式支持项目公司的科技创新及成果转移转化。

三、济南高新区发展新型研发机构的经验做法

济南高新区把发展新型研发机构作为完善区域创新体系，提升区域创新效能的重要抓手，按照"四个面向"要求，遵循招强引优、搞好做活思路，打造具有基础研究、应用基础研究、成果产业化和技术服务功能的新型研发机构体系，明确一个管理机构，出台一套支持政策，建立一套考核管理办法，组建一个创新联盟，强化高端复合型人才、多元化资金、科研资源、应用场景的供给，重点提升研发创新、产业化、市场化核心能力，推进创新链、产业链"双链融合"。

（一）存量提质，强化核心能力建设

一是提升研发创新能力。引导新型研发机构建设高能级创新平台，组建高水平科研团队，聚焦应用基础研究，着重原始创新，力争突破前沿技术和

产业共性关键技术。山东航天人工智能安全芯片研究院、山东新一代信息产业技术研究院等新型研发机构，围绕人工智能、脑科学、区块链、再生医学等前沿产业，通过自主培育、合作共建、加盟扶持等方式，建设学科交叉集成创新的开放式创新平台，配置一流的科研设备，深挖原始创新，突破一批"卡脖子"技术。

二是提升产业化能力。推进产业化平台建设，完善科技成果转化机制，强化新型研发机构科技成果转化能力。鼓励高校院所主导型新型研发机构搭建集科技研发、成果转化、创业孵化和产业化为一体的技术转移转化和应用平台，联合产业基金和社会资本，开展科技型企业孵化与育成。支持新型研发机构建设成果孵化功能单元、工程中试基地，开展技术二次开发，研发接近市场应用的中试产品、工程设备样机、成套生产工艺和整体技术方案，推进新产品、新业态的培育。支持新型研发机构与海外知名高校建立联合研发中心，与海外知名企业合作成立孵化器公司等，引进海外技术成果落地转化。支持新型研发机构开展股权激励制度改革，探索实施技术成果作价入股、技术服务入股等股权激励形式，允许管理人员和相关科技人员持有其投资的下属公司股份。

三是提升市场化能力。鼓励新型研发机构通过开展合同科研、成果转化、企业孵化、技术服务等实现"自我造血"。对实施企业化管理的新型研发机构，参加国家和省科研课题和项目的申请、竞标，享有与其他科研机构同等权利，有关科技计划和基金可适当向其倾斜。鼓励新型研发机构将人员分为科研人员、工程人员、产业化人员和管理人员，并分类考核，设立强制淘汰制度和人员流动机制，激发科研人员创新活力。建立市场导向的企业家、科学家联合研发，共同转化合作机制，按照合同科研绩效划拨研究经费，发挥市场在创新资源配置中的决定性作用。

（二）推进产业链、创新链"双链融合"

一是鼓励本地大企业参与新型研发机构建设。支持龙头企业独立或联合设立法人型研发机构，并将企业主导型新型研发机构纳入扶持序列。支持齐鲁制药、华熙生物等龙头企业将国家工程技术中心、技术研发平台注册为独立法人的新型研发机构，围绕新药设计与合成开展技术研究与成果转化。鼓励中国重汽等龙头企业联合产业链上下游企业共建新型研发机构，挖掘提炼行业共性技术需求，为产业链上下游企业提供技术研发服务或成果。鼓励神思电子等人工智能企业与山东产业技术研究院合作共建创新中心或联合实验室等，开展科技项目联合研发和转化落地等工作。

二是围绕主导产业持续引进一批新型研发机构。围绕主导产业创新需求，瞄准知名高校院所及具备较强科研实力的新型研发机构在高新区设立分支机构。在智能制造与高端装备领域，对接南京先进激光技术研究院等知名新型研发机构在高新区设立分支机构。围绕大数据与新一代信息技术，引进华为、寒武纪等龙头企业在高新区设立新型研发机构，聚焦集成电路等重点细分领域，开展关键共性技术研发。在生物医药领域，面向化学靶向药、抗肿瘤药物等产业技术领域，与北京协和医学院等高校合作，通过共建或加盟的形式在高新区建设新型研发机构，推进高校科研成果产业化。梳理驻济高校科研优势，有效对接企业发展需求，鼓励高校与企业联合建设产业技术研究院等新型研发机构，促进驻济高校和科研院所科技成果落地产业化。

三是以新型研发机构为引领，发展前沿新兴产业。鼓励新型研发机构面向量子信息、密码和网络空间安全、空天信息、脑科学等前沿科技和未来产业，以研发及产业化为目标，不断衍生壮大前沿新兴产业。加快推进中国科学院空天信息创新研究院齐鲁研究院建设，推进先进雷达、传感器、低空及临近空间飞行器产业化，填补山东省空天信息产业空白。加快济南量子技术研究院建设，推进量子信息科学国家实验室济南基地等项目落地，围绕量子计算、量子雷达、量子通信等开展技术攻关和成果转化。依托山东省密码技术与网络安全技术转化中心，引进全球顶尖科研人员、高层次创新创业人才，攻克区块链技术、网络空间安全基础核心算法和关键技术，围绕密码芯片、密码协议设计及应用，培育一批科技型中小企业，推动高新区密码与网络空间安全产业快速发展。

（三）强化治理，打造"四个一"管理体系

一是明确一个管理机构。强化举办单位管理职责。坚持"谁举办、谁负责，谁设立、谁撤销"原则，举办单位要为新型研发机构管理运行、研发创新提供保障，引导新型研发机构聚焦科学研究、技术创新和研发服务，避免功能定位泛化，防止向其他领域扩张。设立专门管理机构统筹协调。明确专业管理部门，开展区域新型研发机构战略研究、规划布局，牵头新型研发机构引进审核、申报、政策制定、绩效考核、政策兑现等工作。与省市相关部门建立联系机制，围绕新型研发机构政策制定、管理服务、考核奖补等方面加强联系，形成跨部门、跨领域的新型研发机构协同机制。

二是出台一套支持政策。研究制定《新型研发机构引进和培育管理暂行办法》，从机构设置、议事流程、职责分工等方面进行制度设计，为新型研发机构顺利引进与落地发展提供制度保障。制定新型研发机构专项扶持政策，围绕人才引进与激励、税收优惠、运营经费、用房用地等方面，完善相关配套政策。跟踪了解新型研发机构落地及运行中存在的进口仪器设备税收减免等问题，及时协调省市有关部门解决。将新型研发机构纳入高新区科技创新券服务机构，支持高新区企业向新型研发机构购买研发服务。制定高新区知识产权综合管理改革实施方案，为新型研发机构提供一条龙知识产权服务。对认定为省级新型研发机构的单位，给予一定财政资金奖励，用于资助新型研发机构的研发和运营经费。

三是建立一套考核管理办法。建立新型研发机构分类评价体系，针对不同方向的新型研发机构制定精准考核评价机制。针对研发为主型新型研发机构，要赋予更大的科研自主权，重点考核研发投入、技术合同成交额、科技成果转化率、研发团队数量等指标。平台服务型新型研发机构，从对产业发展的贡献来考核研究成果，重点考核机构营业收入、高层次人才数量、是否获得可持续性风险投资等。建立动态考核机制，根据上一年度综合考核评估结果，引导新型研发机构调整下一年度考核目标。建立动态激励机制，对已获得启动资金的新型研发机构实施后置支持方式，根据上一年度综合考核评估结果及目标完成情况，调整下一年度资金支持方式和力度。对目标完成情况较差的新型研发机构，加强跟踪监管与引导。

四是组建一个创新联盟。由新型研发机构管理部门牵头，联合高新区新型研发机构、金融机构、科技中介服务机构、行业龙头企业等，共同成立新型研发机构创新联盟，成为推动新型研发机构之间、新型研发机构与企业之间交流合作的平台。创新联盟定期召开联席工作会议，鼓励新型研发机构在团队组建、产业和项目资源对接、品牌塑造、运营管理等方面开展交流合作。创新联盟牵头开展重大技术对接会、学术研讨会、产学研合作等活动，推进企业与新型研发机构在技术研发、成果转化方面进行合作。定期组织开展创新发展峰会、项目推介会等活动，邀请国内外知名专家、企业家、金融家、大院大所负责人和科技人才团队，对外宣贯新型研发机构关键技术突破与优质项目。

（四）完善要素供给体系

一是引进复合型高端人才。充分发挥人力资本产业园带动作用，着力引进一批源头创新人才、产业研发人才、科技转化人才、管理人才。鼓励新型研发机构与济南人力资本产业研究院开展战略合作，通过"四 CAI 模型"度量创新科研团队、科研人员、工程人员、产业化人员和管理人员价值，为新型研发机构招引人才提供参考。支持新型研发机构不定期召开人才交流会，建立人才需求发布机制，通过专家顾问、短期假期兼职、退休返聘等方式，拓宽专业人才引进渠道，为高新区协同创新和发展提供人才支撑和智力支持。对新型研发机构高薪收入人员，根据其对高新区的经济贡献给予奖补。明确新型研发机构引进人才在住房安居、医疗保健、培训提升和子女入学等方面的优惠待遇，协调各单位共同落实各项优惠政策，为高端人才的长期发展营造良好的工作生活环境。

二是加强多元化资金供给。建立"多方投资+政府财政资金+其他社会资金"的多元化投入机制，鼓励社会组织通过土地、设备、资金等方式支持新型研发机构建设。建立多阶段财政支持体系，在新型研发机构初建阶段（3年）举办单位应给予稳定的支持，建设期满后，根据其运行绩效再提供相应的补助。建立多层次财政支持体系，加大对科研院所主导型和企业主导型新型研发机构初期建设的扶持力度。支持新型研发机构参与设立济南科技成果转化引导基金子基金。引入 VC、PE 等社会资本，与新型研发机构组建股权投资基金，通过市场化方式投资新型研发机构创新创业项目。鼓励金融机构向新型研发机构及其孵化培育的科技型中小企业提供信用贷款、知识产权质押等科技金融服务。

三是推动科研资源共享。推动高校院所科技文献、科学数据、中试装备等向新型研发机构开放。对新型研发机构利用财政经费购买大型科研仪器设备进行论证评议，避免重复购置。完善科研资源开放共享机制，支持新型研发机构、高校院所向社会开放各类科研仪器设备与科研平台。鼓励新型研发机构围绕专业领域牵头设立专利联盟，实现专利的交叉许可或相互优惠使用专利技术，促进技术创新。

四是主动扩大场景供给。针对新型研发机构新技术、新产品、新服务，主动扩大场景培育与供给。鼓励新型研发机构共享研发应用场景，搭建共享研发平台，为片段式、连贯式研发提供支撑，为新型研发机构扩展业务范围。

开展具有创造性的前瞻研究,积极向国家部委争取产业政策突破,为新型研发机构的新技术、新产品、新服务提供场景创新的机会与条件。加强新技术试验验证环境、新产品应用新市场、新产业示范工程等场景培育与供给,为新型研发机构发展创建活跃生态。对于经过市场考验、发展前景好的新技术、新产品、新服务,通过政府采购、试点示范、相关牌照优先发放等多种形式加强推广支持。

第三节 济南高新区新型研发机构案例研究

一、山东工研院的基本情况

山东工研院是济南市、山东大学、山东省科技厅合作共建的新型研发机构,以"科技赋能产业、创新引领发展"为宗旨,具有科技研发、成果转化、产业孵化、科技服务等功能,架起科技与产业、企业与高校、科学家与企业家之间的桥梁,搭建一批高能级创新转化平台、集聚一批高端人才团队、攻克一批前沿关键技术、转化一批先进成果、孵化一批高新企业,成为区域关键技术创新的策源地、前沿新兴产业的增长极、高端人才集聚的新高地、国际开放合作的桥头堡、创新创业生态的营造者、创新引领发展的排头兵。

山东工研院是采取市场化运行机制的非营利性科研机构,实行理事会领导下的院长负责制,建立起"一院、一公司、一基金、一平台"体制架构,与近百所高校院所、金融机构、科技服务机构建立合作关系,截至2020年建立协同创新与转化运用平台32个,柔性引进两院院士、海外院士、诺贝尔奖获得者31位,杰青、长江学者等高层次人才120余位。打造共商共建共享共创的创新创业共同体。

山东工研院初步形成了基础研究、技术攻关、成果转化、科技金融和人才支撑的创新生态体系,探索了供给端、需求端、中间端、金融端"四端发力"成果转化服务体系,探索了"知识产权可作价、科技成果能估价、人才团队有身价"的科技金融服务体系,实施了高端人才引领计划、创新创业团队计划、海外人才智聚齐鲁计划、校友资智回归计划等"四大人才计划",推动产业链、技术链、资金链、人才链、政策链"五链融合"。

山东工研院瞄准大数据与新一代信息技术、智能制造与高端装备、生物医药与医疗康养、先进材料与新能源等产业领域，聚焦关键核心技术、前沿引领技术、颠覆性技术和现代工程技术，实施产业发展"头雁工程"，着力打造网络空间安全、密码技术应用与区块链、地下空间智能装备、大尺寸晶体材料及通信器件等产业技术板块。截至2020年底，建设研发创新基地、育成孵化基地和产业化基地7个，已储备各类科技成果240项，转化科技成果140项，孵化企业60多家，其中高新技术企业6家，科技中小企业11家。

"十四五"期间，山东工研院资源集聚能力、科研攻关能力、转化应用能力、产业引领能力、辐射带动能力以及可持续发展能力"六个能力"显著增强，"基础研究+技术攻关+成果产业化+科技金融+人才支撑"的全链条创新生态更加完善。在投入上，财政无偿资金：财政竞争性资金：社会服务资金调整为1:1:1，社会资金成为山东工研院主要来源，实现"自我造血"的可持续发展。平台方面，科技研发与转化应用高能级平台稳定在20～30家，力争5家左右成为省级以上重点实验室、产业创新中心、制造业创新中心或技术创新中心。5年累计转化科技成果3000项，集聚高层次人才3000人，带动社会研发投入50亿元。产出方面，在3个领域要抢占世界产业技术制高点，形成知识产权集群优势和产业集群优势。成立5年内累计孵化、引进和投资高新技术企业数量200～300家。

二、山东工研院的组织架构

山东工研院实行理事会领导下的院长负责制，设立战略咨询委员会和投资决策委员会。山东工研院探索了以"小核心、大网络、全链条、强协同"为特征的体制架构。"小核心"指"一院、一公司、一基金、一平台"四位一体的体制架构。"一院"指山东省工研院，为不纳入机构编制管理的事业单位，负责总体规划、统筹布局和整体推进。"一公司"指山东工研院科技发展有限公司，由山东工研院发起设立，按照"市场化导向、公益性职能、企业化运作"的思路，开展知识产权运营、技术转移服务、企业孵化和科技投融资。"一基金"指山东工研院股权投资基金（合伙企业），以市场化方式筛选和投资项目，实现"用基金筛选项目，用基金支持工研院发展"。"一平台"指科技创新智能大数据平台,打造"网上工研院"和"数据驱动型工研院",搭建开放协同的产业技术创新大平台。"大网络"指工研院与产业园区、产业技术创新联盟、行业协会、龙头企业及金融机构、中介服务机构等共建"政产学研金服用"协同创新网络,实现共治共享共建共创;"全链条"指围绕科技创新、技术转化、产业发展全环节,建设创新研发基地、育成孵化基地和产业发展基地,配套风险投资、科技银行、引导资金等金融工具,实施高端人才、海外人才引进计划,服务创新研发类、孵化转化类和产业化项目;"强协同"指山东工研院从源头上和体制架构上重视加强产学研用协同,整合共享存量资源,引进扩大增量资源,优化资源配置,提高资源整合利用率。

三、山东工研院的发展情况

(一)在研发创新方面

山东工研院围绕科技创新需求,瞄准基础源头创新,组建了产学研结合的协同创新中心。从定位来讲,协同创新中心是围绕科技创新需求,以企业为主体、市场为导向,组织多元主体协同共建的研发创新与转化应用平台,是山东工研院的研发创新单元和科技供给源头。从功能来讲,协同创新中心具有科学研究、技术创新、研发服务和产业孵化等功能,打通从基础研究、应用研究到产业化的关键环节。从目标来讲,协同创新中心针对"谁来研发、研发什么、如何转化应用"这三大问题,达到"强团队、大平台、硬科技、新产业"的目标。从特征来讲,协同创新中心突出企业主体、产学研用多主体协同,突出市场导向、产业化方向,突出成果转化、企业孵化,突出公共服务、发挥放大撬动作用。从资源配置来讲,协同创新中心依托创新资源存量,引进创新资源增量,做优创新成果质量,做大新兴产业体量。

面向世界科技前沿,山东工研院建设了网络空间安全技术协同创新中心,组建山东区块链研究院,建设"中国网安谷",打造中国网络安全技术创新和产业发展高地。布局了脑科学协同创新中心,围绕解决脑基础科学、脑疾病研究、类脑智能与脑机融合等前沿领域的重大需求,汇聚国内外多学科精英人才,打造"脑解读、脑保护、脑模拟、脑控制和脑重建"研究体系。面向产业发展,山东工研院布局了超灵敏微弱光电探测技术协同创新中心、增材制造协同创新中心、晶体纤维协同创新中心。山东工研院布局了地下工程灾害超前预报及控制协同创新中心,推动"地下空间智能装备技术产业集群"建设;布局了北斗新时空智慧产业发展协同创新中心,实现北斗精准导航授时芯片、微集成系统与应用项目落地,打造"北斗+"产业集群。面向人民生命健康山东工研院布局了肿瘤新型生物标志物研发与转化协同创新中心、干细胞药物研究协同创新中心、新药创制协同创新中心等。

（二）在成果转化方面

山东工研院在科技成果转化、新兴产业培育方面取得显著成效。

①完善生态促转化。山东工研院发挥三方共建的优势,构建了"一院、一公司、一基金、一平台"体制架构,初步形成了基础研究、技术攻关、成果转化、科技金融、人才支撑的全链条全要素创新生态体系,推动政产学研金服用各方主体的协同,促进了科技、人才、资本、产业、数据等各种要素的整合,实现了科技供给与需求的有效对接。②聚焦产业促转化。按照"四个面向"的要求,从发展大势、地方需求和优势资源3个维度出发,实施了"头雁工程",重点发展网络空间安全、密码技术应用与区块链、地下空间智能装备、大尺寸晶体材料及通信器件,以及信息技术与生物技术相融合的"IT+BT"产业,力争培育千亿级的创新型产业集群。③搭建平台促转化。山东工研院按照"强团队、大平台、硬科技、新产业"的原则,组建了32个协同创新与转化应用平台。④"四端发力"促转化。山东工研院探索了供给端、需求端、中间端、金融端"四端发力"促进科技成果转化的有效模式。⑤专业服务促转化。山东工研院成立了科技成果评价及转移转化中心,组建专业化的团队,建立专业化的模型,提供一揽子服务,提高转化率和成功率。

（三）在科技金融融合方面

产业创新始于科技创新,成于金融创新,只有科技与金融的融合、携手,才能转化新的技术、培育新的产业、形成新的动能。山东工研院依托济南市科技金融资源,深化与各类科技金融平台的合作,构建了以"知识产权可作价、成果转化能估价、人才团队有身价"的"三价体系"为核心的科技金融体系,开发了覆盖初创期、成长期、成熟期的全生命周期的金融服务产品,为科技型企业提供天使投资、风险投资、科技银行、科技保险等全方位金融服务和金融工具,养活初创期项目、养大成长期项目、养壮成熟期项目。山东工研院出资设立山东工研院股权投资基金,以专业化团队管理运营,以市场化方式筛选投资项目,向投资项目提供发展所需的一揽子服务助力项目和团队成长。山东工研院基金不以盈利为目标，坚持"适时退出，适度收益"，面向社会募集资金，放大财政资金作用。

（四）在产业发展方面

山东工研院坚持产业化方向、聚焦化布局。产业化方向是指科技创新全链条聚焦产业发展，科技研发瞄准产业需求，成果孵化服务产业培育，载体建设承载产业壮大，金融体系助力产业发展；聚焦化布局是指围绕济南市十大千亿产业，进一步梳理高端前沿产业领域，聚焦大数据与新一代信息技术、智能制造与高端装备、生物医药与医疗康养、先进材料与新能源等，并力争在若干细分领域聚焦投入，力争在3～5个细分领域抢占国际技术创新制高点。

山东工研院发挥人才、平台、科技优势，实施产业"头雁工程"，聚焦重点产业领域，建设引领性平台、引育引领性人才、攻关引领性技术、培育引领性产业，支撑地方经济发展。瞄准网络空间安全技术和地下空间智能装备两大领域，全力打造两大新空间技术创新集群。山东工研院立足区域发展需求，由7位院士领衔建设了地下工程灾害预报及控制协同创新中心、轨道交通协同创新中心、地下工程机器人协同创新中心、先进勘探与透明城市协同创新中心等，将国际领先技术在城市地下工程建设中实现产业化应用，形成地下工程智能建造的新理论、新方法、新技术、新材料、新装备，发展地下空间装备产业集群。为发展网络空间安全产业，山东工研院建设了网络空间安全技术协同创新中心，落地网络空间安全技术转化中心，组建山东区块链研究院，孵化出中芯光电、高维密码等产业化公司，中国网络安全技术创新和产业发展高地，建设"中国网安谷"。

四、山东工研院的创新探索

（一）坚持使命引领，聚焦产业

山东工研院坚持面向世界科技前沿、坚持面向经济主战场、坚持面向国家重大需求、坚持面向人民生命健康，瞄准产业技术前沿，聚焦重点产业领域。在大数据与新一代信息技术领域聚焦网络空间安全技术、密码技术应用、区块链技术以及"北斗+"；在高端装备与智能制造领域聚焦地下空间智慧探测、智能盾构机、地下工程机器人技术攻关和产业培育；在生物医药与医疗康养领域聚焦"IT+BT"，即生物科技（BT）与信息技术（IT）的跨界融合；在先进材料与新能源领域聚焦大尺寸晶体制备、材料、器件开发及通讯应用。山东工研院实施"头雁工程"，聚焦网络空间安全、地下空间智能装备产业领域，建设引领性平台，引育引领性人才，攻关引领性技术打造创新型产业集群，力争5年形成千亿级产业板块。

（二）坚持改革牵引，聚焦创新

改革驱动创新，创新引领发展。山东工研院坚持科技创新与体制机制创新"双轮驱动"，坚持以市场需求为导向的创新路径和以问题为导向的制度创新。在体制机制、科研模式、项目评价、人才引进、成果转化等方面进行了有益探索。在体制机制创新上，山东工研院始终坚持市场化方向，建立了"一院、一公司、一基金、一平台"体制架构。在科研模式上，山东工研院坚持以企业为主体，市场为导向，组织产学研用多元主体共建研发创新与转化应用平台，注重发挥企业在科研组织、研发投入、示范应用及成果转化的主体地位，围绕大数据与新一代信息技术、高端装备与智能制造、生物医药与医疗康养、先进材料与新能源等领域组建了32个协同创新与转化应用平台。在人才引进上，山东工研院坚持按需引进、柔性引进、以用为本的原则，以企业为主体，把人才放在平台上，把价值体现在项目上。截至2020年，柔性引进两院院士、海外院士、诺贝尔奖获得者31位，杰青、长江学者等高层次专家120余位，博士、硕士等科研人员600多人。在成果转化上，山东工研院坚持以市场需求为导向研发和引进科技成果，按照市场规则评价和转让科技成果，组织科技、金融、产业、法律等领域专家多维度评价项目。已储备高科技项目200余项，转化落地高科技产业项目60余项。

（三）坚持开放协同，聚焦平台

山东工研院以开放聚集资源、以协同汇聚力量、以平台转化成果，探索"市场提需求，企业定课题，多方协同，聚力攻关，利益共享，风险共担"的科研组织模式，按照"强团队、大平台、硬科技、新产业"的目标，组建研发创新与转化应用平台，解决"谁来研发、研发什么、如何转化应用"这三大问题。

在技术手段上，探索在线化、网络化、智能化。山东工研院将把产业技术创新大数据作为战略性资源，探索"大数据+科技研发""人工智能+科技研发"等新模式和"共享研发""互动研发""协同研发"新业态，打造"网上工研院"和"数据驱动型工研院"，搭建开放协同的产业技术创新大平台，运用平台思维整合资源，促进协同、放大效应，将线上平台与线下网络融合起来，将技术供给方与技术需求方连接起来，将资源闲置方与创新研发需求方共享起来，将政产学研金服用各创新主体协同起来，将基础研究、技术创新和产业化环节贯通起来，降低创新成本和交易成本，提高创新效率和效能。

（四）坚持共生共赢，聚焦生态

山东工研院按照生态赋能理念、共生共赢的原则打造富有活力的创新创业生态，围绕产业链部署创新链，完善资金链，强化人才链，提升服务链，用好政策链，促进"六链融合"，打造政产学研金服用多主体协同创新创业生态，形成基础研究、技术攻关、成果转化、科技金融、人才支撑的全链条全要素创新生态链。

山东工研院与近千家企业建立紧密的合作关系，形成了研发创新项目、成果转化孵化项目、产业化项目、产业集群等不同层级的产业链；实施高端人才引领计划、创新创业团队计划、海外人才智聚齐鲁计划、校友资智回归计划"四大人才计划"，形成创新创业人才链；合作了近百所高校院所，形成了从基础研究、基础应用研究、技术开发，到工程化、产业化的创新链；建设研发创新基地、育成孵化基地、产业发展基地，共建创新载体，服务近20家专业化园区；通过山东工研院基金，以及与金融机构合作，实现涵盖财政投入、天使基金、风险投资、股权投资、并购各级资金投入的创新创业资金链；充分利用好人才政策、平台政策、科技政策、产业政策，形成创新创业政策链。

（五）坚持赋能增值，聚焦服务

山东工研院秉持"全过程服务、全要素服务、全方位服务"的"三全"服务理念，组建了市场化、专业化、高效化的运营服务团队，构建了涵盖研发服务、载体服务、金融服务、科技服务的服务体系。山东工研院探索市场化运营模式，形成了"一院、一公司、一基金、一平台"体制架构，以市场化方式筛选、投资、服务项目。组建了专业化服务团队，成立了科技成果评价与转移转化中心，开展知识产权运营、产业孵化和科技投融资等工作。拓展服务领域，形成政策服务、载体服务、金融服务、知识产权服务、商务服务等一揽子服务体系。

附录1 国内外新型研发机构

一、国内新型研发机构

(一) 中国科学院深圳先进技术研究院

中国科学院深圳先进技术研究院成立于2006年2月,由中国科学院、深圳市政府及香港中文大学共同建立,旨在提升粤港地区及我国先进制造业和现代服务业的自主创新能力,成为国际一流的工业技术研究院。研究院坚持"科研+产业+资本+教育"四位一体的发展模式,既要做高水平科技研发,也注重产业技术发展,从科研项目立项到人才引进均以产业化为目标,采取科研与产业化结合的双螺旋战略。同时,研究院不断建立和健全产业化专业队伍,大力推进科技与金融的紧密结合,通过天使投资、创业投资、风险投资、私募投资等为技术研发和成果转化提供支撑。

1. 组织架构

研究院实行理事会领导下的院长负责制。中国科学院担任理事长单位,深圳市政府、香港中文大学担任副理事长单位,中科院广州分院、深圳市相关局委参与。理事会负责审议研究院重要规章和制度,提出所长(院长、主任)与副所长(副院长、副主任)的建议人选,审议发展战略、规划及法定代表人任期目标,审议年度工作报告、财务预算方案和决算报告,审议批准研究院的薪酬方案等。院长由中国科学院派出。

研究院是由8个研究平台、国科大深圳先进技术学院、多个特色产业育成基地(如深圳龙华、平湖及上海嘉定)、多支产业发展基金、多个具有独立法人资质的新型专业科研机构组成的一个综合体。这些各种各样的创新载体已初步构建了以科研为主的集科研、教育、产业、资本为一体的微型协同创新生态系统。

研究平台包括中国科学院香港中文大学深圳先进集成技术研究所、生物医学与健康工程研究所、先进计算与数字工程研究所、生物医药与技术研究所、广州中国科学院先进技术研究所、中国科学院深圳先进技术研究院-MIT麦戈文联合脑认知与脑疾病研究所、合成生物学研究所（筹）、前瞻性科学与技术中心。

2. 人力资源

研究院贯彻"人才强院"理念，坚持以人为本，人才队伍建设重点作用力在引、用、培、留、帮等方面。

在人才引进方面，借力国际教授的全球人脉资源和人才评价能力，实施全球招聘，确保65%以上的博士员工从海外招聘，形成了以海外人才为主的人才构成格局。在创新实践中发现人才、在创新活动中培育人才、在创新事业中凝聚人才，研究院深入实施广东省珠江人才计划、深圳"孔雀团队计划"，构建三级人才梯队。

在用人机制方面，结合研究院的发展目标，设置科技、产业化、支撑、管理4类岗位，基本形成适合产业技术研究院需求的职称评定标准与实施办法，打通各类岗位的成长通道，将优秀创业人才与科技创新人才并重。实行全员聘任制，严格考核考评，形成"能上能下、能进能出、动态优化"的用人机制，保障队伍建设的整体水平。

在人才培养方面，研究院有外引（积极引进国内外高科技人才）、内培（科技专家和新员工的"一带一帮模式"培养人才）和联合培养（与深圳大学和香港科技大学建立科技人才互访、互换和联合培养）3种模式。

研究院通过快速集聚、引进落地、合理流动、赛马识马、搭台压担等方式和举措建设由首席科学家、领军人才和中青年骨干组成的三级人才梯队，从强个体逐步过渡到强团队。此外，研究院还把管理支撑和产业化骨干队伍建设放在与科研队伍建设并重的位置，着力培养科技与产业化双肩挑人才。

3. 机构运营

（1）技术研发

——IBT研发布局。IT和BT都是影响人类未来发展的技术，前者是过去数十年全球发展的重要推动力，后者则是各国一致看好的未来具有巨大发展潜力的领域，IT与BT两个领域越来越显示出交叉融合发展的趋势。面向"十三五"，研究院聚焦智能与生物技术的融合，致力于在生命健康领域提供新方法、新工具和新材料。在生物医学工程技术领域、国家创新体系和华南区域源头创新活动中起骨干和引领作用；与一流国际学术水平接轨、与医疗器械产业需求接轨。

——研发军用外骨骼机器人，服务国家重大战略需求。"超能勇士—2019"单兵外骨骼系统挑战赛搬运物质一等奖；"超能勇士—2019"单兵外骨骼系统挑战赛协同控制一等奖。

——图像高分处理领跑全球。利用多帧图像信息，将低清的小视频复原为高清的大视频；CVPR 2019 视频超分比赛包揽 4 项冠军。

（2）成果转化

目前，研究院初始申请的专利中，权利人完成转让 294 件，与企业或医院联合申请 333 件，授权专利的整体转化实施率达 24%。专利授让企业包括华为、乐普医疗、联影医疗等一批龙头企业，联合申请专利的企业则包括腾讯、中兴通讯等行业标杆，以及研究院参与孵化的中科强华、深圳北斗应用技术研究院等新兴企业；在产业培育方面，研究院累计孵化企业 759 家，持股企业 227 家，其中估值百亿元级有 1 家、10 亿元级有 3 家、超过 5 亿元有 5 家、超过 1 亿元有 28 家，涵盖健康与医疗、新能源与新材料、机器人与人工智能、大数据与智慧城市等多个领域。

4. 经验总结

中国科学院深圳先进技术研究院已初步构建了以科研为主的集科研、教育、产业、资本为一体的微型协同创新生态系统，成功经验主要有以下几点。

——坚持"三个一流"理念，率先实现理事会制度。中国科学院深圳先进技术研究院是时代的产物，也是我国科技体制创新的一次大胆尝试。在我国科技史上，从来没有这样一个由中科院、地方政府和香港某高校共同创办的国家级科研机构，发挥三方优势，搭建国际一流的科研平台。因此，研究院的组织架构、运作模式势必要参考国际上一流科研机构的通行做法，理事会管理成为深圳先进院的现实选择。法人治理结构是从西方引入的一个概念，实质上就是关于法人决策机构、执行机构和监督机构 3 个部分的权利、责任和利益的制度安排。通常情况下，其决策机构的建立常以成立理事会的方式实现。与传统的事业单位受主管部门垂直管理的机制不同，理事会制度下的法人治理具备权力相互制衡的关系。这样的制度安排既是三方共同博弈和平衡的结果，也是参考国际成熟做法的现实选择。相对于内地很多仍以事业单位管理模式为主的科研机构,这本身就是一种很具标杆意义的创新,很大程度上能够让所有人都遵循市场规律,而不是以行政权力为导向,打破行政管理层级限制,追求效率效益最大化。探索了4年之后,2010年5月24日,根据《中国科学院与合作方共建研究机构理事会章程》,中国科学院深圳先进技术研究院成立第一届理事会。理事会由共建三方共同组成,中科院担任理事长单位,深圳市政府、香港中文大学担任副理事长单位。理事会的主要职责为审议研究院重要规章和制度,提出所长(院长、主任)与副所长(副院长、副主任)的建议人选,审议发展战略、规划及法定代表人任期、目标,审议年度工作报告、财务预算方案和决算报告,审议批研究院的薪酬方案等。《中国科学院章程》明确提出,中科院要成为具有一流成果、一流效益、一流管理、一流人才的国家科研机构,而研究院当时定的理念是"三个一流",即"人才一流,科研一流,管理一流",把人才放在了第1位。

——定位新型工业技术研究院。中科院的办院方针是面向国家战略需求,面向世界科技前沿,加强原始性科学创新,加强战略高技术创新,攀登世界科学高峰,为我国经济建设、国家安全和社会进步的重大创新做出基础性、战略性、前瞻性贡献。结合办院方针,并针对研究院建在深圳经济特区的背景,确定了其"工业研究院"的定位,并取得共建三方的认可和支持。中国科学院深圳先进技术研究院在科研管理方面坚持学术和研发并重,始终坚持"顶天立地",即学术上和国际接轨,强调面向重大前沿技术的探索,做到"顶天";研发的成果要和当地的战略性新兴产业接轨,强调工业社会的需求牵引,做到"立地"。2015年2月12日,中科院院长白春礼在北京宣布,建院已65周年的中科院第六次调整办院方针,即面向世界科技前沿,面向国家重大需求,面向国民经济主战场,率先实现科学技术跨越发展,率先建成国家创新人才高地,率先建成国家高水平科技智库,率先建设国际一流科研机构。应该说,中国科学院深圳先进技术研究院的成立及其"工业研究院"的定位更是从行动上诠释了中科院新时期办院方针。

——与区域产业需求定位紧密结合,获得产业界高度认可。建院之初,中国科学院深圳先进技术研究院开展了大量区域产业技术需求调研,并同深圳市政府密切互动,确立了先进制造、生物医药、医疗器械、数字信息等深圳市亟须的技术领域,根据深圳市产业技术发展阶段进行研究团队引进和布局,研究院的发展与深圳市产业的创新发展形成了较为紧密的关联,获得了深圳市产业界和政府部门的高度认可。

——构建"研究所+学院+育成基地+基金"微型协同创新生态系统，实现全创新链的资源整合和协同。中国科学院深圳先进技术研究院建有8个研究平台，以及中科育成、中科明石、中科道富、中科昂森等多支天使和风投基金。

——采用企业化模式运作，保持人才队伍流动性和机构效率。一是人员聘用合同制。研究院全员采用合同制，按照企业的五险一金模式提供福利。二是分层分级分类考核制。先进院建立了一套完整详细的人员绩效考核办法，按照科研人员、工程人员、产业化人员和管理人员分类考核，并按得分进行A、B、C级排序。三是末位淘汰制。考核得C级的员工可能面临减薪和淘汰，有效保持了人员队伍的活力和弹性。四是团队独立运行。创新团队发展到一定程度时，鼓励团队溢出独立发展，实行全成本核算，对成立满3年和6年的研究单元引入第三方评估，对科技资源的投入产出比给出客观的评价。

——鼓励科研、管理人员积极参与知识产权转移转化，提升科技成果转化动力。研究院发布《知识产权管理办法（试行）》等，对知识产权归属、知识产权的保护等进行了严格规定，并积极组织科研与管理人员参加中科院的知识产权专员培训。将知识产权转移转化纳入考核指标，制定《技术成果转移转化管理办法》，规定对发明人、研究团队奖励比例不低于50%。自2016年底起，不定期对近150件专利申请文件进行了质量评审，为转移转化奠定基础。2019年，研究院专利申请总数达到1516件，知识产权投资实现股权转让收益4.66亿元。截至2020年4月8日，累计申请专利8905件，累计授权专利3627件，PCT国际专利申请数366件，专利转化率达到24%。在成果转化上构建了新起点、新高度，真正实现了科技成果转化意义上的闭环。此外，研究院还积极促进知识产权专业机构与科研团队深度融合，主动挖掘创新点进行培育，协助促进产学研合作，探索知识产权高质量创造、高价值运营的良性循环方式。在科研成果转化方面，研究院与联影医疗的合作可称作一段佳话。自2010年以来，研究院医学影像中心团队与联影医疗开展战略合作，研发出我国首台具有自主知识产权的3.0 T磁共振成像设备。研究院以3项磁共振成像核心技术专利作价1240万元入股联影医疗，后又持续注入一批专利技术进行应用，到2019年实现股权转让额4.37亿元，股权增值35倍。

——注重高端人才连接，依托全球创新资源开展技术攻关。研究院采用全球招聘策略，从近10个国家和地区招贤纳才，确保65%以上的博士员工从海外招聘，构建起由首席科学家、领军人才、中青年骨干组成的三级人才梯队，形成了以海外人才为主的人才构成格局。灵活设立"AF教授""高级访问学者"等岗位，不断吸引国际知名教授来院工作，实行非全时聘用，确保学术方向的前瞻性。

（二）江苏产业技术研究院

江苏省产业技术研究院成立于2013年9月27日，是经江苏省人民政府批准成立的新型科研组织。其以产业应用技术研究开发为重点，以引领产业发展和服务企业创新为根本，建成需求引导、多元共建、统分结合、体系开放、接轨国际、水平一流的新型研发组织，成为江苏省产业技术研发转化的先导中心，为江苏产业转型升级和未来产业发展提供技术支撑，成为省人才培育的重要基地，成为连接全球创新资源与江苏工业界的桥梁。

江苏省产业技术研究院力图通过创新的体制机制，打造一流的研发平台和一流的研发队伍，以需求为导向进行共性关键技术研发，以产品为目标汇聚创新成果进行二次开发，以企业为对象开展高质量合同科研服务，通过衍生企业、孵化企业和服务企业实现技术成果产业化，为江苏产业转型升级提供有力支撑。

研究院坚持课题来自市场需求，成果交由市场检验，绩效通过市场评估，财政支持由市场决定，充分发挥市场对技术创新研发方向、路线选择、要素价格、各类创新资源要素配置的导向作用。

1. 组织架构

江苏省产业技术研究院是非营利性新型科研组织，不设行政级别，实行理事会领导下的院长负责制，业务归口省科技厅。在理事会之上还有一个建设工作领导小组，常务副省长任建设工作领导小组组长；副省长任理事会理事长；理事会下设专家咨询委员会。由高级别领导组成的建设工作领导小组使得研究院决策更畅通。理事会更多地担任前瞻性、关键共性技术攻关的顶层组织规划者的角色，科技成果收益分配由攻关团队决定。

研究院的组织构架是"总院+专业研究所"。总院不从事具体的技术研发，是具有独立法人资格的省属事业单位，主要开展研究所的遴选、业务指导、绩效考评、前瞻性科研资助，以及重大项目组织、产业技术发展研究等。

专业研究所是江苏省产业技术研究院的重要组成单元，由江苏省境内的产业技术研发机构申请，经审定后确认产生，与总院签署加盟协议，其原有机构性质、隶属关系、投资建设主体和对外法律地位等保持不变。以会员制形式吸纳符合条件的独立研发机构加盟（附图1-1）。

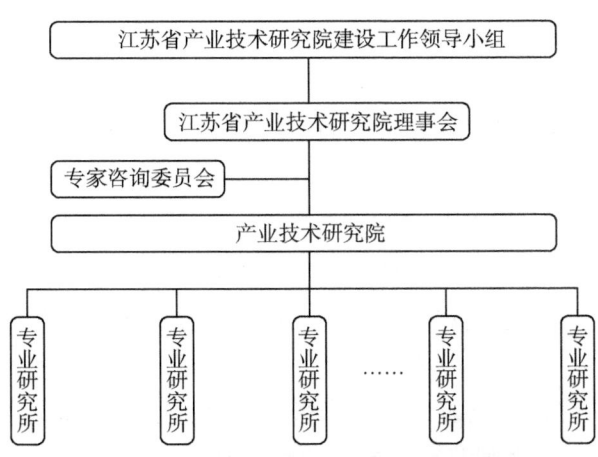

附图1-1　江苏省产业技术研究院组织架构

2. 人力资源

研究院同时拥有在高校院所运行机制下开展高水平创新研究的研究人员和独立法人实体聘用的专职从事二次研发的研究人员，对两类人员实行两种管理体制。

专业研究所拥有科技成果的所有权和处置权，鼓励研究所让科技人员更多地享有技术升值的收益，通过股权收益、期权确定等方式，充分调动科技人员创新创业积极性，让科技人员"名利双收"。

研究院实行项目经理责任制，即由项目经理具体组织产业重大技术攻关，自主组建项目团队，项目产生的收益也由团队自主分配。

3. 经费管理

研究院总院运行经费主要来源于省财政事业费、竞争性项目经费、技术成果收益和社会捐赠。此外，还设立了研究院有限公司及研究院研发投资基金，并培育研究所成为专业研发公司，设立研究所专业投资基金。

在研究院，以合同科研方式改革财政科技资金支持方式，不再按项目分配固定的科研经费，根据研究所服务企业的科研绩效决定支持经费。在考核评价方面采取后补助模式，以产业技术研究院总院作为考核部门，对专业性研究所进行评价，执行末位淘汰制度。

4. 经验总结

研究院总院下设产业发展部、资源开发部、研究所工作部、技术转移部、重点项目部、综合管理部。

其中，产业发展部负责产业技术发展战略和规划研究与编制、项目经理服务与管理、产业技术创新中心管理与服务、组织攻关重大产业共性技术。资源开发部负责全球创新创业资源的集聚和引进、海外研发载体和工作平台的建设与管理、项目经理的遴选。研究所工作部负责专业研究所的培育建设与管理服务、推动专业研究所体制机制改革、组织专业研究所间开展集成技术和产品开发项目。技术转移部负责专业研究所技术成果的转移和资本化运营、技术交易市场的建设和运营、研发投资基金的运营。重点项目部负责拟投资项目的前期论证、负责投资项目的管理与服务、为组织重大项目的项目经理（团队）提供服务与支撑。综合管理部负责行政管理、党群工作、政策研究、人力资源、财务管理、纪检审计和基础设施建设。

江苏省产业技术研究院下属各专业研究所是其重要组成单元，主要采取加盟制和共建制等方式组建。加盟制研究所，从省内具有较强研发和服务能力的独立法人研发机构中遴选产生；共建制研究所由省产研院、领军人才及团队、地方政府（园区）共同建设。

专业研究所实行预备制和动态管理，以需求为导向进行共性关键技术研发，以产品为目标汇聚创新成果进行二次研发，以企业为对象开展高质量合同科研服务，通过衍生企业、孵化企业和服务企业实现技术成果产业化。

产业技术创新中心也是研究院的重要组成部分，主要依托省内国家高新园区，按照"一区一战略产业"的布局原则，重点面向省内已有产业优势和创新基础的战略性新兴产业，以地方政府及高新区为主建设。这些产业技术创新中心主要开展产业技术创新、创新资源和要素整合、海内外高层次人才创新创业、产业技术扩散和企业孵化、产业创新投融资服务等，打造一批区域新兴产业培育发展的核心引擎和策源地。

此外，作为连接全球创新资源和江苏工业界的桥梁，研究院也与国内外顶尖高校、知名机构建立战略合作关系，还在5个国家设立了7个海外代表处，以更好地汇聚海外创新资源，加强与当地科研机构、企业和海内外华人高层次创新渠道资源的整合与对接。

（三）台湾工业技术研究院

台湾工业技术研究院（简称"台湾工研院"）正式成立于1973年，定位是一家非营利性的工业技术应用研究机构。在法律属性上，台湾工研院属于财团法人，由台湾地方政府捐助创立基金，并按《工业技术研究院设置条例》而立，其宗旨是"加速发展工业技术"，由台湾经济部门主管，负有"推动政府产业技术政策之规划与执行的责任"，但与中央研究院等纯学术研究机构又有不同，有较大的弹性运作空间。

台湾工研院虽是"独立运作、自主决策"的机构，但政府和企业也会通过各自的方式发挥影响，以确保台湾工研院能紧跟发展需求。政府主要通过拨款、参与董事会和监事会、项目引导、制定规则等方式发挥影响；而企业则主要有项目合作、资金捐赠、参与产业咨询委员会和董事会等方式。

同时，台湾工研院对自身在区域创新体系中的定位非常清晰，就是它与大学和企业可以保持紧密的合作，但在科技研发活动中只从事应用研究和技术发展，不做基础研究和商品开发。2010年以后，台湾工研院进一步把前瞻技术与应用研究作为当前研发工作之要务，即通过创新前瞻技术研发，发展产业界需要的新技术，通过衍生新公司或协助产业界开发新产品。

1. 组织架构

除管理本部之外，台湾工研院的组织架构按功能可分为三大板块。

在产业技术前瞻研发板块，以促进产业的长期发展为宗旨，聚焦于资讯与通信、电子与光电、材料化工与纳米、生技与医药、先进制造与系统、能源与环境六大研发领域；对应核心研发单元电子与光电研究所、资讯与通讯研究所、机械与系统研究所、材料与化工研究所、绿能与环境研究所、生医与医材研究所等。这些研究所被视为整个工研院的核心和基石，所以也被叫作基盘研究所（Core Lab）。

影像显示科技中心、量测技术发展中心、巨量资讯科技中心、服务系统科技中心、智慧机械科技中心、智慧微系统科技中心、镭射与积层制造科技中心等产品创新中心，则是带有一定任务性地瞄准产业开发任务的临时组织，被命名为焦点中心（Focus Center），即当基盘研究所的成果有了相对明确的产品开发方向时，可进入相应的产品创新中心内进行培育，完成任务后则参与产品创新的相关人员回归基盘研究所。这些研究所和产品创新中心不会一成不变，而是根据产业技术发展的需要适时整并或新增，体现出动态、灵活且弹性的组织形态（附图1-2）。

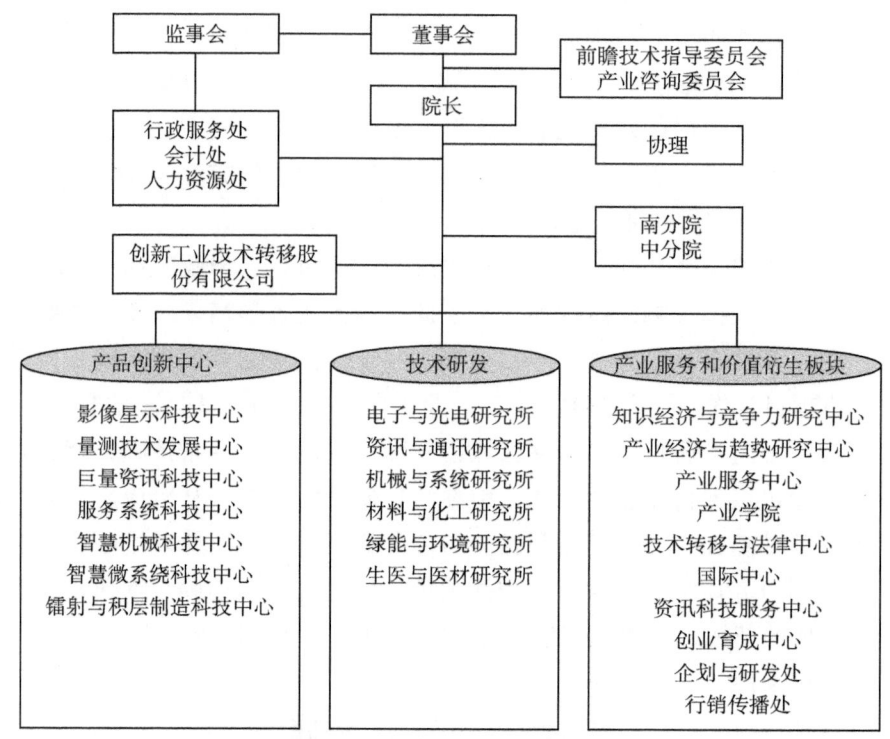

附图1-2　台湾工研院组织架构

2006年后，台湾工研院在时任院长史钦泰的大力推动下，倡导"全资源经营"的理念，把孕育新产业的技术衍生价值和知识型服务提到了重要的位置。技术衍生价值的含义是借助于新创公司的培育，将科学技术的衍生价值发挥得淋漓尽致；知识型服务则突出强调知识与服务业的结合，以将台湾工研院的知识资源进一步向社会渗透。

在突出产业前瞻性和共性技术研发的同时，台湾工研院以产业发展为导向，面向前瞻性技术创新、共性技术研发，以及个别企业的技术服务和技术合作开展服务；并鼓励成立衍生公司。为了加大对于创新企业的扶持力度，台湾工研院还从场地资源、初始投资、外部环境等多方面予以支持。台湾工研院设立了新公司孵化中心，一般以3年为一周期招纳科技型创业企业进行孵化。

2. 人力资源

按《工业技术研究院条例》，台湾工研院的董事、监事，以及董事长、常务监事、院长、副院长"均由行政院院长遴聘之"。董事会由 11～15 人组成，来源有 3 个方面：行政院有关部会主管；国内外有关科学技术富有研究之专家、学者；公民营企业界人士。监事会由 3～5 人组成。院长 1 人，副院长 1～2 人。

台湾工研院现有员工维持在 6000 人左右，以硕士学历为主，研发人员占多数。台湾工研院鼓励技术和产业人员携带成果创办企业、加盟企业，实施成果转化及产业化，平均每年要有 10% 以上的离职率，人员流动率最高可以达到 30% 左右。为国家培养工业技术领导人才，是台湾工研院的重点任务。在人力资源管理理念上，台湾工研院的一个显著特点是注重向产业界和社会输送专业技术人才。据初步统计，历年来员工转业至各界累积超过 2 万人，其中许多科技精英从工研院转至产业界服务，占比超过八成。人才与技术整体输入企业，既保障台湾工研院较高的人才流动，又培育了产业专门人才。正是由于台湾工研院持续在前瞻性科技产品与技术上扮演人才培育角色，它也被各界誉为台湾输送产业技术高级管理和技术人才的"总经理制造机"。

在管理上，为兼顾工业界领导人才培养之责任与本身运作之安定，台湾工研院对人才转移秉持两点原则：一是为遵守智慧财产权纪律规定，二是为避免影响重大计划之执行。另外，对于因人员流动产生的空缺职位，台湾工研院会鼓励内部人士优先应聘，对外公开招聘是内部人士无法填补空缺的最后选择。优先对内招聘的人才管理制度，有效填补了台湾工研院工作轮调制度的创新，是提升人员流动性的重要方式。

3. 机构运营

台湾工研院建院后，随着台湾经济地位的变化，也不断从技术购买者、技术追随者向创新者的角色转换，包括持续带领台湾产业技术升级、协助建立新兴科技产业、培育工业技术人才，力图成为台湾提升竞争力的重要抓手。

2006 年后，台湾工研院提出要做台湾"产业创新的开路先锋"，以"致力于加速湾工业技术发展、开创新兴科技产业、协助产业技术升级"为基础，希望将台湾工研院塑造为"开创产业新价值的世界顶尖研发机构，产业科技创新者的摇篮，科技人喜爱且引以为傲的工作场所"，并确立了新的核心业务营运模式。它包括以下 3 个方面：一是深耕核心技术的产业科技研发；二是孕育新产业的技术衍生价值;三是促进产业升级转型的知识型服务(附图1-3)。

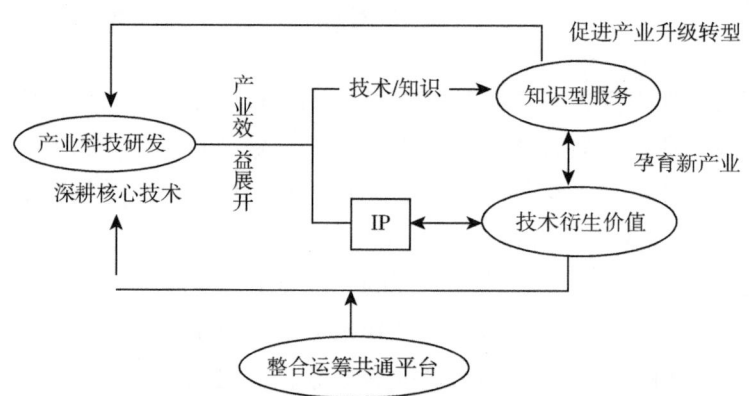

附图1-3 台湾工研院的愿景与核心业务营运模式

4. 经验总结

台湾工研院系依"工业技术研究院设置条例"之规定,由政府捐助创立基金成立。台湾工研院的经费来源方面,其建立与发展主要依赖于两项资本,分别为创办资金和收入来源。其中,社会资助和台湾当局有关管理部门分拨是创办资金的主要来源,而签订合同的技术服务和研发服务为台湾工研院的运作与发展提供了源源不断的资金。

在台湾工研院创办初期的10年里,台湾当局有关管理部门的补贴约占台湾工研院经费支出的60%;之后,经费来源主要分为两个部分,分别为企业委托项目经费和承接公共部门项目经费;从20世纪90年代起,台湾工研院以1:1作为强化产业界服务的量化指标,即承接经济部门科技专案与民间委托的研究发展相关活动的经费比例相当。换言之,台湾工研院在强化研发能力的同时,兼顾产业界需求,以达成提升整体产业技术的目标。在承接经济部门科技专案研发计划方面,推动前瞻性技术研究发展的投入比重逐年提升,而对于民间委托的研究发展活动,则借助于增加民营企业委托经费的比重,以确保研发效益之落实。

台湾工研院主要经费来源组成结构有专案计划、技术服务计划、计划衍生收入、业务外收入与捐赠收入四大类。其中，专案计划来自经济部门技术处与能委会委托的科技研发计划；技术服务计划指军方、公民营企业、政府机构但非前项专案计划委托的科技研发计划，以及提升产业界资讯、辅导、检校、分析等工业服务；计划衍生收入，指接受民间及政府等单位委托从事特定产品的研究开发计划。近年来，随着台湾工研院研发能力的建立与提升，其经费来源已逐渐从纯粹由政府补贴转变为以合约经营为主。

二、国外新型研发机构

（一）德国弗劳恩霍夫应用研究促进协会

德国弗劳恩霍夫应用研究促进协会（Fraunhofer-Gesellschaft，FHG），是由会员组成的非营利的公共科研机构"协会"组织。其使命一方面是与工业界建立密切关系，为企业特别是中小企业提供技术服务，另一方面接受联邦或州政府的委托，对社会发展具有重大意义的关键技术领域进行战略性研究。弗劳恩霍夫协会主要开展应用性研究，通过为客户发展技术创新和新颖的系统整体方案，加强德国各州、联邦，乃至整个欧洲的经济竞争力。

弗劳恩霍夫协会的总部位于慕尼黑，72家研究所及其他独立研究机构分布于德国各地，还在欧洲的4个国家（比利时、葡萄牙、奥地利、意大利）和美国，以及亚洲、中东设立研究中心和代表处等分支机构，下属研究单元或中心达到80多个，是德国，也是欧洲最大的应用科技研究机构。研究领域主要包括健康/营养、环境、国防/安全、信息/通信、能源/生活、交通/移动和制造/环境等6个方面。2016年底，拥有25 000多名优秀的科研人员和工程师，年度研究总经费达23亿欧元。

1. 组织结构

弗劳恩霍夫协会设有会员大会、理事会、执行委员会、主席团、科技咨询委员会、研究所监管委员会、研究所和研究所联盟。其中，会员大会是弗劳恩霍夫协会的最高权力机构，负责选举理事会成员、接收执行委员会做的年度报告和提交的年度结算账目、解除理事会和执行委员会，以及决定修改章程和解散协会。理事会则是最高决策部门，由来自政府、科技界、经济界的代表和科技咨询委员会的成员组成。理事会负责任命执行委员会成员；决定协会科研政策的基本方针；决定协会研究规划和扩建规划；决定协会所属机构的建立和变更（合并、划出和解散）；决定协会中长期财务规划；参与任免研究所领导；修改或新制定人员聘任条例和选举条例（附图1-4）。

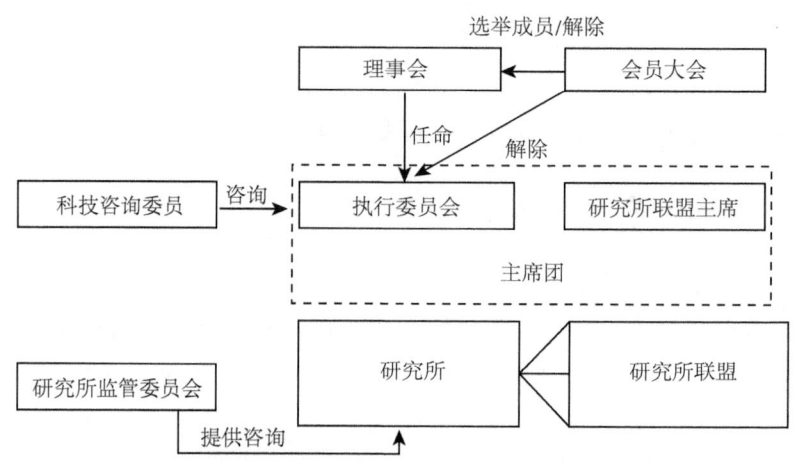

附图1-4　弗劳恩霍夫协会组织架构

执行委员会是弗劳恩霍夫协会的核心管理部门。按照协会章程，执行委员会须有2名成员是自然科学家或工程师，1名成员须具备商务管理的知识和经验，1名须曾担任过高级文职职务。执行委员会负责与科技咨询委员会和研究所联盟主席共同制定协会科研政策的基本方针和研究、扩建和财务规划；管理所属研究所，任免研究所领导，与科技咨询委员会共同推进研究所工作；任命研究所监管委员会成员；制定人事政策；提交年度报告和年度结算账目；执行会员大会和理事会的决议。科技咨询委员会是弗劳恩霍夫协会的内部咨询部门，由研究所领导和各研究所的科研人员代表组成。负责向执行委员会就重大问题提供建议，包括研究方向、人力资源政策、研究所成立或撤裁等。研究所监管委员会是为研究所领导提供咨询的部门，成员由政府、科技界和经济界的代表组成。

在弗劳恩霍夫协会，研究所是科研工作的具体实施单位，但不具有独立的法人资格。研究所领导负责管理研究所，包括制定研究所的科研规划及预算案、决定经费如何使用、签订委托科研合同等。在研究所业务范围内，研究所领导享有充分自主权。研究所领导定期或应要求向科技咨询委员会汇报研究所的情况、计划和研究成果，也要向执行委员会汇报研究所的情况、计划、研究成果和对研究所的管理，并提供书面资料。此外，研究方向相近的研究所可组成研究所联盟，以加强研究所之间的交流与合作。目前，弗劳恩霍夫协会在各研究领域均形成了研究所联盟，其成立或解散由执行委员会决定。每个研究所联盟设立1个管理委员会，由参与联盟的各研究所领导组成（同时参加多个研究所联盟的研究所只在1个研究所联盟拥有投票权）。研究所联盟主席由理事会主席委任，任期3年。

执行委员会成员和研究所联盟主席构成主席团。主席团协助执行委员会制定协会的管理政策、参与执行委员会的决策过程，并有权提出建议，同时协助落实执行委员会的各项决定。

2. 模式机制

（1）业务模式

弗劳恩霍夫协会的研究工作面向对具体的应用和成果。作为大学实践的纯基础研究几乎100%由公共拨款资助，以原型水准为目标的工业研发大多是由私人企业赞助。弗劳恩霍夫协会从公共部门得到约30%资金，其余约70%通过合同科研获得。因此，弗劳恩霍夫协会在面向应用的基础研究和创新发展项目之间起着动态平衡的作用。

业务模式分合同科研、技术服务、国际业务。其中，合同科研主要有两大部分。一部分是弗劳恩霍夫协会开发具备商业成熟性的产品和工艺，力求为客户找到个性化解决方案。弗劳恩霍夫协会的主要目标是把科学知识转化为具有实用价值的应用。该协会开发的解决方案对技术和组织问题具有直接的实用价值，并有助于大规模使用新技术。各种规模的制造业和服务业的企业都可从合同研究中受益。对于没有自己研发部门的中小企业来说，弗劳恩霍夫协会是创新技术的重要来源。另一部分是面向应用的基础研究。该协会进行的研究活动，远不局限于工业企业的合同研究项目。由德国联邦教育与研究部提供的资金使该协会可以开展前瞻性的基础研究。这为进入新市场铺平了道路。企业通过产业合作项目，可以利用研究所获得专业知识。

弗劳恩霍夫协会开发具备商业成熟性的产品和工艺，力求为客户找到个性化解决方案。如果有必要，研究所可以联合工作，开发出更复杂的系统解决方案，提供以下技术服务：一是从产品开发和优化，到原型制造、技术和生产工艺的开发和优化，通过3种方式支持新技术的引进，在示范中心配备国家最先进的测试设备进行试验、为客户提供现场培训、提供新工艺或新产品的后期服务；二是以 5 种形式支持技术评估，即可行性研究、市场调查、趋势分析报告、环境审计、前期投资分析报告；三是辅助服务，尤其是为中小企业提供关于资金来源的建议、认可的测试服务（包括测试证书）。

（2）运行机制

经费配置。2011 年，德国联邦和州政府对该协会基本经费的支持为 4.14 亿欧元，占该协会当年财政总额的 22.4%。协会按照 4 个标准将基本经费分配给所属研究所：其一是每个研究所得到固定 60 万欧元的经费；其二是研究所得到上一年经费总量的 12%；其三是研究所上一年从企业得到的收入若小于总收入的 25% 或大于总收入的 55%，研究所得到该笔收入的 10%，若企业收入占研究所总收入的 25%～55%，研究所得到该笔收入的 40%；其四是研究所得到上一年欧盟项目经费的 15%。

人才任命与培养。研究所所长同时是研究所所在地大学的教授，因此协会与大学共同任命研究所所长，由协会总部和大学分别派出 2 名成员共同遴选和任命双方认可的人选。研究所所长通常都是大学的教授，通过在大学中授课，发现优秀学生，吸引学生到研究所开展科研工作。协会在大学生中享有良好的声誉，其独特的科研模式有利于吸引优秀学生来所实习或工作，协会被评为最具吸引力的雇主之一。

（3）创新管理

以应用为导向的研究单元设置。协会研究工作确定为完全面向人们未来需求的 6 个主题领域，即健康/营养/环境、国防/安全、信息/通信、能源/生活、交通/移动和制造/环境。另外，还设立了弗劳恩霍夫前沿主题。

建立高效沟通的研究所联盟。弗劳恩霍夫协会聚集专长，以团队或联盟进行合作，或者在需要时为柔性结构汇集不同的技能。它确保了其在系统解决方案的开发和综合创新方面的领先地位。

弗劳恩霍夫协会主要通过合同科研的方式为企业，特别是不具备研发能力的中小企业提供科研服务，其中研究所就是研发项目实施的最基本单位，可在该协会授权的范围内自主开展业务、聘用人员、签订项目合同。研究所均是在当地大学依托原有研究团队设立，这种方式的优点是显而易见的：第一，便于科技人员直接参与高校的教学活动，尤其是培养硕士、博士等高层次人才，从而利于科研人员更新知识、储备后备力量。第二，研究所与大学的直接交流充分利用了大学的科研资源，降低了研发项目的成本。同时为了更好地实现科研资源的共享和高效利用，在协会和研究所之间设立学部，参与协会重大事项的协调和决策。通过研究所、学部的设置，弗劳恩霍夫形成了自己独有的弗劳恩霍夫模式。

3.经验总结

（1）先进的技术转移理念

弗劳恩霍夫协会的技术转移理念从最初单纯的技术转移，发展到技术转移结合沟通交流，最后发展到"技术能力"的转移，即开发者和应用者从技术开发伊始就在一起工作，直到技术投入应用，最终将应用技术的能力建立并转移到应用者一方。这种能力不仅包括了技术本身，更包括了相关的知识、技能、方法，乃至设备、人才等。

（2）嵌入式服务

协会目前主要为中小企业提供服务，主要是嵌入式研发项目。针对企业创新的不同环节，提供较为丰富的不同形式的服务。

（3）适应国家创新体系的组织定位

德国国家创新体系由三大板块构成：一是高等院校，包括大学、高等应用技术学院，主要从事基础研究。二是公立研究机构，包括：马克斯·普朗克科学促进学会（MPIAS），主要从事基础研究；弗劳恩霍夫协会，主要从事应用研究；亥姆霍兹联合研究中心（HGF），主要从事大科学研究；莱布尼茨协会，主要从事小型应用基础研究。三是企业研发中心，主要从事产品与服务开发。

弗劳恩霍夫协会契合德国国家创新体系的要求，定位于应用研究，在从事基础研究的高等院校板块与从事产品、服务开发的产业研发板块建起一座联系的桥梁，相当于一种嵌入国家创新体系内的、专注于应用研究和技术转化的组织单元，与其他的创新主体之间建立起良好的分工与合作关系。

（4）市场化的技术开发及转移模式

弗劳恩霍夫协会面向产业界采取市场化的定制技术开发与转移模式，具有以下明显的特征：①研究人员会与企业客户就所面临的问题或需求进行充分沟通，为客户定制高满意度的技术解决方案；②按照商业合同的要求，签订并履行科研合同，包括技术开发的期限、技术的交付、详细的时间表和预算等；③产业研究和产业专家从技术研发项目的早期就开始介入，对技术路线、技术方案的产业化进行评估；④采取精细化的项目管理手段，每个技术开发项目的预算分期拨付，最多支持两个阶段，协会内部不再提供技术开发的第三阶段资金，需要从市场上募集资金支持，若未筹集到必要的资金，项目须终止或转移到协会外的机构或企业。

（5）符合技术与产业规律的评价体系

弗劳恩霍夫协会注重对研究所宏观的综合评估，并且以5年为一个周期，评估委员会通常由学术界、产业界和政府部门的专家组成。主要的评估指标包括既定战略规划的完成情况、重点课题的实施进度、科研人员的整体素质与结构、科研设施的装备水平与利用率、经费总额中竞争性资金的比例、竞争性资金中企业研发合同的比例、申请和取得专利的数量、客户的分布结构与服务满意度、技术成果转让的数量和收益、经费支出的范围和科研辅助系统的服务质量等。

对具体技术开发项目的评估主要依靠获得企业的支持合同、形成专利、转让到衍生企业等途径来实现，并且最终体现到对研究所的综合评估当中。这既符合技术开发具有时间尺度的技术规律，又符合了应用导向的产业规律。

（二）美国国家制造业创新网络

为促进美国制造业科技创新和成果转化，2012年3月，奥巴马政府提议建立美国国家制造业创新网络（National Network of Manufacturing Innovation, NNMI），即通过组建各领域的制造业创新研究所（IMI），建立起制造业领域的政产学研联合网络，完善美国制造业创新生态系统。根据NNMI计划，围绕特殊材料、数字化制造、下一代电子电力制造等，建立了包括国家增材制造创新研究所（NAMIL）等在内的5个研究所，另外还有4个专业性研究所正在筹建，主要涉及半导体、清洁能源等重点领域。每一个IMI涉及的技术都可能对未来全球制造业产生深远影响，对于美国提升先进制造业的全球竞争力具有重要意义。从NNMI运行机制和管理模式看，虽然创新网络概念来源于德国弗劳恩霍夫模式，但也存在一些不同之处，有其自身的特点和优势。从科研战略布局上看，NNMI重点聚焦制造业前沿领域，更加注重创新网络的总体构建和设计，以及重点环节技术领域的培育和开发。例如，NNMI已经建成和正在筹建的9个研究所均集中在以下重点领域：先进材料的低成本生产方法研究、制造过程及加工工艺的开发、工业环节研究、使能技术的研制和开发等，并且已经围绕这些重点领域形成一些基础性和关键性技术创新成果。

在这一科研战略布局指导下，NNMI 的目标是投资 10 亿美元，建立 15 个发展方向、研究领域、产业集群和所处的创新体系都略有区别的创新研究所。然而，随着 NNMI 建设成效的逐步显现，奥巴马政府又提出在未来 10 年建设 45 家 IMI 宏伟目标。

1. 组织结构

从组织结构看，NNMI 的组建和管理由美国先进制造国家项目办公室（AMNPO）总体负责，商务部及其直属的美国国家标准与技术研究院（NIST）、教育部（ED）、国防部（DOD）、能源部（DOE）、美国国家科学基金会（NSF）、美国航空航天局（NASA）等多家联邦机构参与，联合打造创新综合体。其中，AMNPO 的主要职能是执行 NNMI 计划的各项具体事务，参与审核 IMI 研究所的申请、负责监督 IMI 研究所的管理和运行情况等。

2. 模式机制

IMI 的治理模式也被称为网络治理模式。这种治理模式的成功与否取决于参与主体的广泛性。主体的广泛性要求决策机制的自治化程度高，同时各方形成利益共同体，共同运作才能走向市场化和社会化。2012 年，第一个 IMI——国家增材制造创新研究所涉及的主体（包括合作伙伴）就达上百个。每个 IMI 是区域创新体系的关键点，一方面产学研各方享受独立的自治权，另一方面 IMI 被要求和中小企业取得实质性的关联，同时和服务于中小企业的中介机构、中心和网络一起合作。为促进各 IMI 之间的合作，NNMI 建立领导理事会，其成员为来自制造业创新研究院的代表、联邦机构及相关机构或团体。领导理事会将积极寻求机会，发挥各 IMI 现有资源的效益。此外，NNMI 为实现网络高效运作，在知识产权、合同科研、运营、信用、品牌战略和市场营销等方面一直共同努力形成统一标准和共同政策，此外还规定满足一定条件的国外机构也可以参与 IMI。

3. 经验总结

通过对 NNMI 科研战略布局和运营管理模式的研究，得到了以下几点启示。

一是明确界定政策在创新网络建设中的角色定位。在前期阶段，政府主要负责进行前瞻性科研战略布局，并出资建设一些重大科研基础设施，之后就退居幕后，由企业界和学术界共同解决技术研究、产业化等相关问题，而政府则是通过专门的统筹管理机构，为创新研究所提供一些政策支持和专业服务，弱化了扶持的责任。

二是在创新网络中组建利益共同体。政府、制造业企业、高校院所、国家科研机构之间不仅仅是市场化的竞争关系,更重要的是围绕关键共建技术研发,共享资源、技术、科研设备等要素,形成风险共担、利益共享的创新合作模式,提高研发创新的成功概率。

三是促进重大基础性创新与产业化需求紧密结合。发挥高校、科研院所的基础性研究优势,突出制造业企业的市场主体作用,通过完善的对接合作平台和工作机制,集成政产学研用各方资源,以产业需求为导向,共同推动关键共性技术的联合攻关,实现科技创新活动和产业市场需求的"零距离"对接。

(三)史太白技术转移中心

史太白基金会成立于1868年,德国巴登-符腾堡州为纪念该州工业发展的奠基人、德国双轨制教育制度的创始人费迪南德·冯·史太白(Ferdinand von Steinbeis),以他的名字命名建立了第一代史太白基金会。基金会的目标是发展针对年轻人的职业教育。

1. 组织结构

史太白体系由史太白经济促进基金会(StW)、史太白技术转移公司(StC)及众多史太白技术转移中心(STZ)、史太白咨询中心(SBZ)、史太白研发中心(SFZ)、史太白大学(SHB)、史太白技术转让研究所(STI)及史太白参股公司(SBT)组成。史太白组织结构如附图1-5所示。

理事会	史太白经济促进基金会	董事会
史太白技术转移公司		
史太白企业		

史太白技术转移中心	史太白咨询中心	史太白研发中心	史太白大学之史太白技术转让研究所	史太白参股公司

附图1-5 史太白组织结构

(1)史太白经济促进基金会

史太白经济促进基金会是史太白技术转移网络的联盟组织。该基金会设有理事会和董事会。理事会相当于股份公司的股东大会,为该基金会制定基本的工作标准,由22名理事和22名候补理事组成。理事会每年召开两次会议,讨论通过重要决议,并为基金会的整体发展建言献策,董事会、史太白大学、巴符州政府、巴州工业联合会等5名代表为常务理事,负责与董事会的沟通。董事会主席兼任基金会主席,同时担任史太白技术转移公司总经理,负责日常运转。该技术转移公司为基金会的全资子公司,管理技术转移中心、咨询中心、研究中心及其他下属公司。

(2)史太白技术转移中心

史太白技术转移中心是史太白体系的基石和主要收入来源,每个转移中心相对独立,实行市场化运作,最大的埃斯林根汽车电子技术转移中心员工超过300人,绝大多数则不超过5人,有的甚至只有1个人。

(3)史太白咨询中心

史太白咨询中心向企业、公共部门提供中短期咨询服务,覆盖技术领域和企业设立、市场开拓、运营管理、企业发展战略等环节,同时为企业、信贷机构及投资者提供项目及企业分析和评估,帮助客户抓住机遇,规避风险。通过咨询服务,史太白赢得了大量技术转移客户。

(4)史太白研发中心

史太白研发中心利用大批优秀的技术专家和人才,深度开发已有技术,使其更好地与客户需求吻合,主要研发领域为信息通信、生命科学、光电、工程技术、新材料、节能环保、工业传感器等。

(5)史太白大学和史太白技术转让研究所

史太白大学和史太白技术转让研究所针对技术转移方面进行研究,并提供工作能力方面的培训和雇员发展服务。史太白大学贯彻学以致用理念,致力于培养精通技术与经济的实用型人才和技术转移使者,2011年有145个研究所、1519名教授、5620名在校生。此外,史太白还通过举办研讨会、培训班等为企业或员工提供在职培训。

史太白大学每年为西门子、IBM等世界著名公司及1万多家中小企业,量身定制许多技术转移与创新培训和创新创业学历教育课程。开设的培训和学历教育课程涉及航空航天检测、TMT、生物医药、医疗设备、健康护理、汽车、高端设备制造、物流交通、零售业等行业,以及技术转移、知识创新、企业国际化、国际法务、市场营销、企业财务、金融管理等技术转移和创新管理方向。

2. 模式机制

拥有技术或专利的高校教授或科研院所专家向史太白董事会提出申请，如董事会确认该技术有较大市场价值，双方签约成立技术转移中心，不愿成立技术转移中心的，可申请由现有的技术转移中心进行技术转移。该教授/专家担任新成立的技术转移中心的负责人，承担相应的启动资金，该中心实行自主核算、自负盈亏。技术转移中心需将年度营业额的10%上交史太白技术转移公司（史太白大学里的史太白技术转让研究所缴纳15%）。史太白技术转移公司为技术转移中心创造稳定、宽松的法律保障和发展环境，提供财务、人事、保险、行政等服务，通过工商会等机构寻找企业作为技术的投资者和受让方，同时为技术转移中心争取其他研究项目。为克服启动资金不足的难题，史太白技术转移公司还协助技术转移中心申请商业贷款，以及德政府或欧盟的项目资助。为加强风险控制，技术转移中心需按月向史太白技术转移公司提交财务报告，没有盈利能力或市场的技术转移中心会被立即关闭。目前，史太白每年成立40~50家新的技术技术转移中心，同时关闭30余家亏损的技术转移中心。

3. 经验总结

（1）创立产学研结合的技术转移模式，为高校、科研机构的技术拥有者提供合作平台

该模式充分利用高校和科研机构中未转化为经济价值的知识和技术潜力，可有效降低企业，特别是中小企业的研发成本，有利于提高社会的创新能力和经济的整体竞争力。技术拥有者利用业余时间，兼职管理按市场规则和企业模式运作的技术转移中心，并与企业合作，将技术转化为现实生产力。

（2）政府支持与市场化运作完美结合，实现公共资源和市场资源的优化配置

德政府从税收优惠（德国《税法通则》第51~68条规定了非营利组织享受税收优惠的条件）、拨款资助、政府采购服务（史太白代表政府对提交给州政府申请资助的项目进行评估，提供技术、人员及金融等方面的可行性评估报告）等方面向史太白经济促进基金会提供支持。该基金会建立之初不仅享受税收优惠，而且直到1999年每年都从巴符州政府得到50万~200万马克资助，目前仍能从州政府得到大量项目。1983—2006年，Johann Löhn担任政府技术转移官员与基金会主席双重职务，使州政府与该基金会的资源相

互利用，实现了双赢的局面。1999年以后，史太白开始完全市场化运作，自主性增强，竞争力不断提高，实现了快速发展。

（3）推行扁平化管理，总部与技术转移中心之间建立灵活高效的运作机制

该基金会制定服务准则，指导和督促下属技术转移中心按该基金会章程提供服务。各技术转移中心按照市场化原则自主运营，在涉及经营、管理的具体事务中有独立决策权，无须请示董事会同意。这种外松内紧的管理模式既能充分发挥各技术转移中心的积极性，又能实现史太白经济促进基金会的宗旨和目标，最大程度上实现了技术拥有者、史太白和企业之间的共赢合作。史太白技术转移公司对各地专业技术转移机构的帮助：通过史太白技术转移公司得到项目和任务；与外界的合作项目由史太白技术转移公司承担风险；利用史太白技术转移公司的信誉将各领域的教授吸纳为该基金会成员，使其服务易被社会接受。对于综合性的大型项目，通常由史太白技术转移公司组织，选择一些专业的技术转移机构开展分工合作。

（4）依靠巴符州得天独厚的产业及研发优势，全力打造技术转移平台

一方面，巴符州科研力量雄厚，汇集了多所高校及弗劳恩霍夫研究所（欧洲最大的应用科学研究机构）、亥姆霍兹联合会（德国最大科研团体）、马克斯·普朗克研究所等德国重量级科研机构，知识和技术来源充足。另一方面，该州汽车业、机械制造等行业发展水平高，大中小型企业同步发展，存在不同层次的市场需求。史太白为上述供需之间搭建了桥梁，很多技术转移中心每年营业额仅数千欧元，当地中小企业买断其技术后，生产适销对路产品。按照技术转移中心年度总销售额10亿欧元测算，史太白每年至少创造或保障了1万个就业岗位。

（5）面向中小企业

史太白注意到中小企业是技术转移服务的最大群体，从而组织大量资源用于对中小企业提供服务，支持中小企业在市场变化中做出快速反应。

（6）提供多角度、全方位服务，面向国际

史太白将技术创新、组织创新、管理创新三者有机结合，为客户提供全方位、系统的解决方案。因此，史太白不是单纯的科技成果转让机构，而且提供咨询、研究与开发、培训、评估及提出专家报告等综合性全方位服务的单位。作为技术与知识转移的先驱，它对客户提交的任务给予全面的考虑，如国内和

国际的市场机遇、资金运作、人力资源开发、市场营销,甚至公司管理的现代化。

技术转移中心既与金融上可靠的风险协作合伙人保持联系,又与前沿研究和商务机构的国际网络建立联系。不仅在德国境内向中小企业提供技术转移服务,而且提供国际服务,如国际合作咨询、技术转移代理、寻找国外代理关系等,为客户开拓国外业务提供可靠、易于操作的综合性服务和出口业务建议,甚至提供全套的国外市场开拓服务,帮助企业开辟超越地区和国界的新市场,使它们能够成功地进入未来有增长前景的市场。

（7）广泛获得行业专家支持

绝大多数史太白专业技术转移机构是基于各类大学和研究机构发展而来,2003年统计,史太白技术转移中心分布如下:设在综合性大学及研究所内115个、应用科学大学内192个、合作教育大学内33个、与合作伙伴共建140个。其吸引了大批教授参加,教授数大约占所有员工总数的13%。此外,其还有大量学术专家担任顾问,以及可以获得史太白大学和史太白研究中心的支持。

附录 2 国家层面政策要点汇总

发布时间	发布单位	文件名称	政策要点
2015年9月25日	中共中央办公厅、国务院办公厅	深化科技体制改革实施方案	推动新型研发机构发展，形成跨区域、跨行业的研发和服务网络。制定鼓励社会化新型研发机构发展的意见，探索非营利性运行模式
2016年5月19日	中共中央、国务院	国家创新驱动发展战略纲要	发展面向市场的新型研发机构。围绕区域性、行业性重大技术需求，实行多元化投资、多样化模式、市场化运作，发展多种形式的先进技术研发、成果转化和产业孵化机构
2019年9月12日	科技部	关于促进新型研发机构发展的指导意见	新型研发机构是聚焦科技创新需求，主要从事科学研究、技术创新和研发服务，投资主体多元化、管理制度现代化、运行机制市场化、用人机制灵活的独立法人机构。可依法注册为科技类民办非企业单位（社会服务机构）、事业单位和企业。新型研发机构一般应符合以下条件。 （一）具有独立法人资格，内控制度健全完善。 （二）主要开展基础研究、应用基础研究，产业共性关键技术研发、科技成果转移转化，以及研发服务等。 （三）拥有开展研发、试验、服务等所必需的条件和设施。 （四）具有结构相对合理稳定、研发能力较强的人才团队。 （五）具有相对稳定的收入来源，主要包括出资方投入、技术开发、技术转让、技术服务、技术咨询收入、政府购买服务收入以及承接科研项目获得的经费等

续表

发布时间	发布单位	文件名称	政策要点
2020年4月9日	中共中央、国务院	中共中央 国务院关于构建更加完善的要素市场化配置体制机制的意见	支持科技企业与高校、科研机构合作建立技术研发中心、产业研究院、中试基地等新型研发机构
2020年5月22日	国务院	2020年政府工作报告	加快建设国家实验室,重组国家重点实验室体系,发展社会研发机构,加强关键核心技术攻关
2020年7月17日	国务院	国务院关于促进国家高新技术产业开发区高质量发展的若干意见	积极培育新型研发机构等产业技术创新组织。对符合条件纳入国家重点实验室、同家技术创新中心的,给予优先支持

附录 3　省市层面政策要点汇总

省市	政策名称	政策要点
天津市	天津市人民政府办公厅关于加快产业技术研究院建设发展的若干意见	二、功能定位与建设原则 （一）功能定位。本意见所称产业技术研究院是指在天津注册，聚焦人工智能、生物医药、新能源材料等战略性新兴产业创新链后端，在工程技术开发、技术商品化、科技成果转化和企业衍生孵化等方面具有鲜明优势与特色的新型研发机构，是投资主体多元化、建设模式国际化、运行机制市场化、管理制度现代化的独立法人组织。 主要功能包括：集聚资源、技术供给、转化孵化、人才输送、战略导航等功能。 四、主要任务措施 建立产业技术研究院认定管理制度；建立产业技术研究院年度考核与财政资金奖励制度；支持产业技术研究院创新能力建设；加快衍生企业发展
天津市	天津市产业技术研究院认定与考核管理办法（试行）	申请产研院认定应满足以下条件：（一）独立法人组织。（二）完善的体制机制：1.建立适应市场化运营的管理体制，行政、人事和财务等内部管理制度明确。2.建立了灵活高效的运行机制，包括多元化的投入机制、市场化的决策机制、开放的引人用人机制、知识价值导向的收入分配机制、高效率的成果转化机制。（三）开展创新链后端研发活动。符合我市人工智能、生物医药、新能源材料等战略性新兴产业发展方向，以工程技术开发、技术商品化阶段的研发为主，具有明确的研发方向和清晰的发展战略。（四）申请单位通过自主研发、并购等方式，获得对其研发活动在技术上发挥核心支持作用的知识产权的所有权。（五）应具备的研发条件：持续稳定的研发投入；拥有稳定的研发队伍；已入驻1个以上在全国同行业中具有较大影响力的创新人才团队；具备进行研究、开发和试验所需的科研仪器、设备和固定场地。（六）具有一定经济社会效益。（七）申请单位在申请认定的近两年及当年内未发生重大安全、重大质量和严重环境违法、科研失信行为，且申请单位未列入经营异常名录和严重违法失信企业名单

续表

省市	政策名称	政策要点
		第九条　绩效考核主要内容包括上年度技术开发、科技成果转化、企业衍生孵化、创新人才/团队集聚、运营管理等创新发展以及对地方经济的贡献
重庆市	重庆市新型研发机构管理暂行办法	新型研发机构具有以下主要功能：开展基础研究和应用基础研究；开展关键技术研发；提供研发服务；开展科技成果转化。 认定条件：有清晰的发展定位；有固定的科研场所；有稳定的人才团队；上一个年度研究开发经费投入一般不低于1000万元；掌握核心技术，并具有较强市场服务能力。 有效期内的新型研发机构，可享受以下扶持政策：授牌及经费支持、企业类型新型研发机构入库、纳入创新券接券机构、人才引进优先申报项目和职称评定试点、研发费用加计扣除、研发设备加速折旧、市级项目优先立项等。 绩效评估主要考核研发经费投入纳入国家、重庆市研发经费统计情况、科技研发条件、科技创新能力、人才团队建设、科技成果转化、科技成果效益、运行管理能力、孵化企业情况以及相应财务经费管理等情况
上海市	关于促进新型研发机构创新发展的若干规定（试行）	一般至少应具备以下功能之一：开展基础与应用基础研究；开展产业共性技术研发与服务；开展科技成果转化与科技企业孵化服务
河北省	河北省新型研发机构建设工作指引	面向企业产业发展进行科研开发和成果转化，打通从科学到技术再到产品的通道，攻克产业关键核心技术和共性技术难题，孵化培育前沿技术应用和先进成果产业化的科技型企业，建立需求导向、产学研深度融合的技术创新体系，是加强科技创新、实施创新驱动发展战略的新生力量，集聚高层次科技资源，融通科研开发体系与产业应用体系，培育高质量发展新动能重要抓手。 二、功能定位和特征特点 新型研发机构，是指多主体投资、多模式组建、企业化管理、市场化运作，主要从事科学研究与技术开发以及与之相关的技术转移、衍生孵化、技术服务等创新创业活动，具有功能定位综合化、研发模式集成化、运行模式柔性化等新特征，独立核算、自主经营、自负盈亏、可持续发展，政产学研用实质性紧密结合，明显区别于传统国有独立科研机构的新兴研发机构。

附录3 省市层面政策要点汇总

续表

省市	政策名称	政策要点
河北省	河北省新型研发机构建设工作指引	（一）主营业务 开展科研开发；孵化科技型企业；科技成果转移转化；集聚和培养创新创业人才；提供技术服务。 （二）基本特征 投资主体多元化；管理体制现代化；主营业务科技化；运行机制市场化；研发、转化、孵化、服务、投资多功能一体化；人才团队市场化。 （三）机构类型 公司制法人企业类型；事业单位类型；科技类民办非企业单位类型。 三、基本条件 具有独立法人资格；体制机制新型；科研开发为主营业务；具有稳定的科研成果来源；具有结构合理、相对稳定、研发能力强的人才团队；拥有开展研发、试验、服务等所必需的设施条件和装备条件；具有相对稳定的收入来源和研发经费投入；在科研开发和转化孵化方面特色明显、初具成效
河南省	河南省扶持新型研发机构发展若干政策	重点支持培育一批重大新型研发机构。 新型研发机构在政府项目(专项、基金)承担、奖励申报、职称评审、人才引进、建设用地保障、重大科研设施和大型科研仪器开放共享、投融资等方面可享受国有科研机构同等待遇。 鼓励新型研发机构建设科技企业孵化器、专业化众创空间等孵化服务载体。 鼓励新型研发机构将科技成果优先在豫转移转化和产业化。 优先保障新型研发机构建设发展用地需求。 支持高校、科研机构的科技人员及创新团队依法到新型研发机构兼职从事成果转化、项目合作或协同创新。 支持新型研发机构开展职称自主评审试点
山西省	省新型研发机构认定和管理办法（试行）	新型研发机构应当具备科学自主的创新组织模式、高效协同的科技攻关优势、市场导向的成果转化链条、灵活有效的人才激励机制、多元持续的资金投入保障，面向我省战略性新兴产业集群和基础产业升级重点领域，开展基础研究、应用基础研究、产业共性关键技术研发、科技成果转移转化以及研发服务等活动。 新型研发机构应具备以下条件：具备独立法人资格；具备一定的研发条件；具有稳定的研发人员和研发投入；实行灵活开放的体制机制；发展方向明确；具有相对稳定的研发经费来源；近一年内未出现违法违规行为或严重失信行为

续表

省市	政策名称	政策要点
浙江省	浙江省人民政府办公厅关于加快建设高水平新型研发机构的若干意见	新型研发机构实行政府引导、高校科研机构或企业等社会资本共同参与的多元化投入机制,探索理事会(董事会)决策、院所长(总经理)负责的现代化管理机制,构建需求导向、自主运营、独立核算、不定编制、不定级别的市场化运行方式,形成人员招聘自主化、薪酬激励市场化、收益分配企业化的引人用人机制,依法注册为科技类民办非企业单位(社会服务机构)、事业单位或企业等独立法人机构。建设方式:引进共建一批、优化提升一批、整合组建一批、重点打造一批。政策支持:深化管理创新、加大财政支持、加强科研支持、激发创新活力、扩大基金支持、强化要素保障
浙江省	宁波市产业技术研究院建设与发展管理办法(试行)	第二条 本办法所称研究院是指围绕我市重点产业创新发展需求,以关键技术研发与产业化应用为目的,主要从事技术研发创新、科技成果转化和科技企业孵化,投资主体多元化、管理制度现代化、运行机制市场化的独立法人机构,可依法注册为科技类民办非企业单位(社会服务机构)、事业单位和企业。 第七条 研究院应当在技术研发创新、科技成果转化、科技企业孵化、人才引进与培养等一个或多个方面具有鲜明的引领性作用,建立高效的管理运营体制机制。 第十六条 对特别重大的新建研究院,根据不同行业领域和具体实际,以"一事一议"方式给予建设支持,包括开办费、运营费、平台建设费、项目研发经费等补助。……建设运行过程中,对标对表研究院共建合作协议,根据进展绩效和绩效评价结果,给予支持…… 第十七条 试行"产业出题、政府命题、院所接题"的项目实施机制…… 第十八条 选择有条件、有积极性的研究院,推动研究院开展"研发、转化、孵化、招商、基金"等功能于一体的建设运行模式试点
浙江省	宁波市产业技术研究院绩效管理办法(试行)	绩效管理原则:坚持"政府引导、市场为主"的原则;坚持"分类评价、客观公正"的原则;坚持"绩效导向、引领发展"的原则。 建设发展导向:研发创新功能导向;科技成果转化功能导向;科技企业孵化功能导向;人才引进培育功能导向;高效的管理运营体制机制导向。 绩效评价: 第十一条 绩效评价方式。根据研究院成立时间、功能定位,组织开展分类评价,将研究院划分为"初建期(2017年1月1日及以后成立)","成长期(2017年1月1日之前成立)"两个阶段进行评价,每两年评价一次。 第十二条 绩效评价内容。对于初建期研究院的评价侧重其建设进度,主要聚焦科研团队建设、基础设施保障条件等创新资源集聚、科研活动实施,以及体制机制建设情况。对于成长期的研究院,绩

附录3 省市层面政策要点汇总

续表

省市	政策名称	政策要点
浙江省	宁波市产业技术研究院绩效管理办法（试行）	效评价主要聚焦核心技术攻关、科研成果转化、企业孵化培育等运营成效，高端创新资源集聚及可持续发展机制建设等方面…… 第十三条　绩效评价流程。市科技局选择国内在科技评价方面有实力的第三方机构具体开展绩效评价工作。第三方机构通过组织专家审阅研究绩效资料、听取汇报、实地考察等流程，对研究院体制机制建设、资源集聚、运营成效、建设特色亮点等情况进行评价，形成研究院绩效评价报告。 第十四条　绩效评价结果发布。市科技局审核研究院绩效评价报告，提交产业技术研究院推进建设联席会议审议，发布研究院发展绩效"榜单"，将考核评价结果作为支持研究院建设发展的重要依据
安徽省	安徽省新型研发机构认定管理与绩效评价办法	申报安徽省新型研发机构须符合以下条件：具备独立法人资格；拥有多元化的投资主体；具有人员、研发经费、仪器设备、固定场地等研发条件；实行灵活开放的体制机制；拥有明确的业务发展方向；具有相对稳定的收入来源，主要包括出资方投入、技术开发、技术转让、技术服务、技术咨询收入，政府购买服务收入以及承接科研项目获得经费等
福建省	厦门市新型研发机构管理办法	新型研发机构应具备以下条件：在厦取得营业执照或法人证书的独立法人机构，并稳定运营1年以上；拥有进行研究、开发和试验所需要的仪器、装备和固定场地等基础设施；能够正常运营，具有稳定的研发经费来源；具有稳定的研发队伍；年度合同研发、科技服务和股权投资收益占年收入总额的30%以上。 进一步满足以下条件的新型研发机构，可申请认定为厦门市重大研发机构：在厦办公和科研场所面积不少于1000平方米，用于研究开发的仪器设备（含软件开发工具）原值不少于1000万元；年度研究开发经费（不含厦门本、区级财政扶持资金）投入达500万元以上，且占年收入总额的30%以上；常驻研发人员不少于20人，研发人员占职工总人数比例达到40%以上；具有核心研发团队和核心技术，已孵化和引进2家以上科技型企业，或合同研发、科技服务收入达到200万元以上
福建省	厦门市加快创新驱动发展的若干措施	（四）鼓励创办新型研发机构。围绕生物医药、物联网、大数据、集成电路、人工智能、新材料和新能源等重点领域，国内外高校、科研院所、企事业单位和社会团体等各类创新主体在厦建设市场化运作、具有独立法人资格新型研发机构的，给予一次性100万元初创期建设经费补助；经确认为重大研发机构的，一次性补足至500万元。给予研发机构非财政资金新购入科研仪器、设备和软件的购置经费50%后补助，5年内新型研发机构最高3000万元、重大研发机构最高5000万元（非独立法人的最高200万元）……

续表

省市	政策名称	政策要点
		新型研发机构每成功孵化一家国家级高新技术企业，给予20万元奖励。重大研发机构每两年进行一次评估，根据评估结果给予最高不超过500万元的绩效奖励。初始投入额达1亿元以上的特别重大研发机构，可按"一事一议"方式予以扶持
山东省	山东省新型研发机构管理暂行办法	第二条　本办法所称新型研发机构主要是指投资主体多元化、组建方式多样化、运行机制市场化，具有可持续发展能力，产学研协同创新的独立法人组织。新型研发机构以开展产业技术研发为核心功能，兼具应用基础研究、技术转移转化、科技企业孵化培育、产业投融资及高端人才集聚培养等功能。一般应冠以工研院、科研院（所）、研发中心等名称。 新型研发机构申请备案应符合以下条件：具备独立法人资格，主要办公和科研场所设在山东，具有一定的资产规模和相对稳定的资金来源，注册后运营1年以上；具有稳定的研发人员和研发投入；具有灵活开放的体制机制；具有明确业务发展方向；近两年来，未出现违法违规行为或严重失信行为
湖北省	湖北省新型研发机构备案管理实施方案	（一）产业技术研究院 所涉产业应是市州优势特色产业；所在地政府主导，有相应的实质性经费投入；参与组建的企业应为产业内大型龙头骨干企业，具备较强技术创新能力和实施条件；参与组建的高校、科研机构具有相关技术领域较强的研发能力和基础。 （二）产业创新联合体 所涉产业应聚焦十大重点产业领域；依托的企业应当是行业龙头企业或细分领域"隐形冠军"企业；科学家应当是拥有重大科研成果的院士或优秀科学家，其带领的科研团队结构合理，长期专注的研发领域与企业产品研发紧密相关；企业与科学家及其团队已有良好的合作基础；联合体要有明确的组织架构，有科学合理的章程，有激励和利益共享机制、风险共担的合作机制，有健全的决策、经营、财务、人事、项目等管理制度和技术转让、知识产权保护制度；联合体建设应对上下游企业有较强技术支撑和引领带动作用，能够促进区域产业集群发展、创新发展，创造良好的经济社会效益。 （三）专业型研究所（公司） 依托单位应为湖北省内注册的民营或混合所有制的独立法人公司；依托国家级、省级科技创新平台，或境外知名高校、科研机构，知名跨国公司等高水平研发平台，具有稳定的科研成果与收入来源；具有行业知名科学家及高水平的研发队伍，人才团队拥有核心技术，研发人员占员工总数的比例不低于60%；人才团队以货币形式出资，持有50%以上股份；具备开展研究、开发和试验所需要的仪器、设备和固定场地等基础设施；主营业务收入应以技术合同开发、科

续表

省市	政策名称	政策要点
湖北省	湖北省新型研发机构备案管理实施方案	技服务和股权投资收益为主；孵化和引进2家以上科技型企业，或技术合同开发、科技服务收入达到200万元以上；年度研究开发经费支出占年收入总额比例不低于30%。 （四）企校联合创新中心 企业在湖北省内注册，属于独立法人资格的规上企业；企业和高校、科研机构具有3年以上合作经历或者签订了长期稳定的合作协议，组织机构健全和规章制度完善；具有结构合理的研发队伍；具有良好的技术研发试验条件；企业投入的研发经费，在企校联合创新中心成立后的三年内不少于100万元
湖南省	湖南省新型研发机构管理办法	申请备案的省级新型研发机构应具备以下条件：在湖南省注册的，主要开展基础研究、应用基础研究，产业共性关键技术研发，科技成果转移转化，以及研发服务等，具有独立法人资格的科研实体；具备进行研究、开发和试验所需要的仪器、装备和固定场地等基础设施；具有稳定的研发经费来源，年度研究开发经费支出不低于年收入总额的10%；具有稳定的研发队伍；机构应有健全的决策、经营和管理制度，成熟的技术转让许可和知识产权管理规范，并具有持续的盈利能力和纳税能力；其他应当具备的条件
广东省	广东省科学技术厅关于新型研发机构管理的暂行办法	具备独立法人资格；在粤注册和运营；具备研发经费投入、在职研发人员、仪器设备和固定场所等研发条件；具备灵活开放的体制机制；业务发展方向明确
广东省	关于支持新型研发机构发展的试行办法	第三条 新型研发机构应建立健全由产学研等多方主体共同参与的理事会制度和与之相适应的管理制度，实行投管分离、独立运作，发挥市场配置资源的决定性作用。 第五条 鼓励引导各级政府、企业与省内外高等院校、科研机构、企业和社会团体以产学研合作形式在广东创办新型研发机构，鼓励大型骨干企业组建企业研究院等新型研发机构，在能力建设、研发投入、人才引进、科研仪器设备配套等方面给予支持，省大型科学仪器设施协作网向新型研发机构开放。 第六条 省、市、区多级联动，择优扶持新创建的新型研发机构建设和发展，鼓励各级政府设立专项资金扶持新型研发机构发展。新型研发机构在申报、承担各级财政科技计划项目时，可享受科研事业单位同等资格待遇。 第七条 新型研发机构科研人员参与职称评审与岗位考核时，发明专利转化应用情况可折算论文指标，技术转让成交额可折算纵向课题指标。

续表

省市	政策名称	政策要点
广东省	关于支持新型研发机构发展的试行办法	第八条 新型研发机构聘用本科以上专业技术人员、管理人员及海外留学人员，符合条件的可享受国家规定的以及省和所在地市有关引进人才（海外高层次人才）的优惠政策。 第九条 对新型研发机构的科研建设发展项目，可依法优先安排建设用地，省市有关部门优先审批。符合国家和省有关规定的非营利性科研机构自用的房产、土地，免征房产税、城镇土地使用税。按照房产税、城镇土地使用税条例、细则及相关规定，属于省政府重点扶持且纳税确有困难的新型研发机构，可向主管税务机关申请，经批准，可酌情给予减税或免税照顾…… 第十条 新型研发机构的科技成果转化参照《广东省人民政府关于加快创新驱动发展的若干意见》有关政策执行，进一步完善和落实知识产权转化为股权、期权的激励政策，促进新型研发机构加快科研成果转化。 第十一条 对符合条件的新型研发机构进口科研用仪器设备免征进口关税和进口环节增值税、消费税，具体名单由省级科技行政部门报海关广东分署备案；未能享受以上税收优惠的，省级财政行政部门根据上年度进口科研用仪器设备金额给予一定比例的经费支持。 第十二条 支持新型研发机构开展研发创新活动，对上年度非财政经费支持的研发经费支出额度给予不超过20%的补助，单个机构补助不超过1000万元。已享受其他各级财政研发费用补助的机构不再重复补助
广东省	关于加强新型科研机构使用市科技研发资金人员相关经费管理的意见（试行）	新型科研机构定义：本意见所称新型科研机构，是指在深圳市合法注册登记，以承担科学研究、技术开发等公益社会服务为主要业务或职责的科技类民办非企业单位，或者除国家机关外的其他组织利用国有资产举办的，不实行编制或员额管理，不纳入财政预算管理的事业单位。 人员相关经费支出标准：加强对新型科研机构人员的稳定支持。承担的市科技研发资金基础研究类项目可按40%的比例在市科技研发资金资助金额中开支人员绩效支出，其他项目可按30%的比例开支人员绩效支出，并可相应调整项目间接经费预算
陕西省	西安市新型研发机构认定管理办法（试行）	申报新型研发机构认定条件： 1.具备独立法人资格。2.机构应为多元投资的混合所有制机构，原则上人才团队持有50%以上股份。3.依托国内知名高校院所、行业龙头企业国家级科研平台，或境外知名高校院所、知名跨国公司等高水平研发平台，具有稳定的科研成果来源。4.具有行业知名领军人才、骨干力量及高水平的研发队伍，人才团队拥有核心技术，成果具有产业化基础和市场化前景。5.具备满足开展研发的软硬件条件。6.经费收入和支出稳定。7.工作评价体系及激励机制健全，

续表

省市	政策名称	政策要点
		形成需求导向型科技创新模式。 绩效考核内容包括：主营业务收支、知识产权申请及授权、科研费用投入、孵化引进企业、人才引进与团队建设、平台建设、国际合作等

参考文献

中文文献：

［1］《新型研发机构发展报告2020》编写组.新型研发机构发展报告［M］.北京：科学技术文献出版社，2020.

［2］蔡利超.广东省科技创新人才引进与培育现状分析研究［J］.科技创业月刊，2016，29（21）：3.

［3］曹如中，刘长奎，曹桂红.基于组织生态理论的创意产业创新生态系统演化规律研究［J］.科技进步与对策，2011，28（3）：64-68.

［4］陈畴镛，胡枭峰，周青.区域技术创新生态系统的小世界特征分析［J］.科学管理研究，2010，28（5）：17-20.

［5］陈红喜，姜春，袁瑜，等.基于新巴斯德象限的新型研发机构科技成果转移转化模式研究：以江苏省产业技术研究院为例［J］.科技进步与对策，2018，35（11）：10.

［6］陈健，高太山，柳卸林，等.创新生态系统：概念、理论基础与治理［J］.科技进步与对策，2016（17）：153-160.

［7］陈劲.从创新经济学到创新的政治经济学：对熊彼特创新理论的再理解［J］.演化与创新经济学评论，2016（2）：60-70.

［8］陈静静.我国高质量发展的生态维度考察研究［D］.北京：北京化工大学，2021.

［9］陈雪.广东省新型研发机构发展实践研究［J］.科技创新发展战略研究，2017，1（1）：7.

［10］陈衍泰，孟媛媛，张露嘉，等.产业创新生态系统的价值创造和获取机制分析：基于中国电动汽车的跨案例分析［J］.科研管理，2015（s1）：68-75.

［11］陈瑜，谢富纪.基于Lotka-Volterra模型的光伏产业生态创新系统演化路径的仿

生学研究［J］.研究与发展管理，2012，24（3）：74-84.

［12］陈雨婷，余全民，柯婷.基于新型研发机构的理工科大学创新创业人才培养体系探究［J］.科技管理研究，2020，40（13）：5.

［13］董波，魏阙，等.新型研发机构的探索与实践［M］.杭州：浙江工商大学出版社，2021.

［14］董建中，林祥.新型研发机构成深圳科技创新的先锋力量［EB/OL］.（2014-10-10）［2022-01-01］.http://www.aoe.cas.cn/dj/xxzl/sjtj/201410/t20141010_4221236.html.

［15］董建中，林祥.新型研发机构的体制机制创新［J］.特区实践与理论期刊，2012（6）：5.

［16］杜德斌.全球科技创新中心：动力与模式［M］.上海：上海人民出版社，2015.

［17］杜勇宏.基于三螺旋理论的创新生态系统［J］.中国流通经济，2015，29（1）：91-99.

［18］樊立宏，周晓旭.德国非营利科研机构模式及其对中国的启示：以弗朗霍夫协会为例的考察［J］.中国科技论坛，2008（11）：6.

［19］范内瓦·布什，拉什·D霍尔特.科学：无尽的前沿［M］.北京：中信出版社，2021.

［20］冯志军.中国制造业技术创新系统的演化及评价研究［D］.哈尔滨：哈尔滨工程大学，2012.

［21］弗罗门.经济演化：探究新制度经济学的理论基础［M］.李振明，刘社建，等译.北京：经济科学出版社，2003.

［22］顾永安.转型视域下新型大学内部管理体制改革的思考［J］.应用型高等教育研究，2016，1（1）：6.

［23］光明日报.改革热土上的创新引领者：中科院深圳先进技术研究院探索科技创新体制改革［EB/OL］.（2018-10-08）［2022-01-01］.http://www.gzb.cas.cn/mtsm2017/201812/t20181225_5220498.html.

［24］郭立新，陈传明.模块化网络中企业技术创新能力系统演进的驱动因素：基于知识网络和资源网络的视角［J］.科学学与科学技术管理，2010，31（2）：59-66.

［25］国务院发展研究中心创新发展研究部.变局中的创新政策转型［M］.北京：中国发展出版社，2020.

[26] 贺团涛,曾德明.知识创新生态系统的理论框架与运行机制研究[J].情报杂志,2008,27(6):23-25.

[27] 胡京波,欧阳桃花,谭振亚,等.以SF民机转包生产商为核心企业的复杂产品创新生态系统演化研究[J].管理学报,2014,11(8):1116.

[28] 黄春萍.基于CAS理论的企业系统演化机制研究[D].天津:河北工业大学,2007.

[29] 黄鲁成.区域技术创新系统研究:生态学的思考[J].科学学研究,2003,21(2):215-219.

[30] 黄燕飞,陈伟.中央和地方支持新型研发机构发展的实践与建议[J].全球科技经济瞭望,2020,35(4):11.

[31] 贾晓涛,钟永恒,彭乃珠.台湾工研院建设模式分析及对产业智库建设的启示[J].智库理论与实践,2017,2(2):11.

[32] 李丁.创新生态系统[J].21世纪商业评论,2006(5):15.

[33] 李广杰.打造对外开放新高地的十大着力点[EB/OL].(2019-10-17)[2022-01-01].http://ex.cssn.cn/skyskl/Skyskl_jc2x/201910/t20191017_5015987-2.shtml.

[34] 李其玮,顾新,赵长轶.创新生态系统研究综述:一个层次分析框架[J].科学管理研究,2016(1):14-17.

[35] 李万,常静,王敏杰,等.创新3.0与创新生态系统[J].科学学研究,2014(12):1761-1770.

[36] 李湘桔,詹勇飞.创新生态系统:创新管理的新思路[J].电子科技大学学报(社科版),2008,10(1):45-48.

[37] 李政刚.区域创新创业生态体系成熟度评价:例证7个国家级新区[J].长春大学学报,2018(1):35-40.

[38] 林垂宇.创新四重奏:从实验室到市场[M].上海:上海交通大学出版社,2014.

[39] 林婷婷.产业技术创新生态系统研究[D].哈尔滨:哈尔滨工程大学,2012.

[40] 林祥.民办官助:政府创新驱动战略的有效组织形式[J].科学学研究,2016,34(3):386-394.

[41] 刘刚,张再生,吴绍玉.创新生态系统的生成机理与运行模式研究:基于美国硅谷和天津高新区的对比分析[J].科学管理研究,2017(6):32-35.

［42］刘鹤.人民日报：必须实现高质量发展［EB/OL］.（2021-11-24）［2022-01-01］.https://www.mnr.gov.cn/zt/dj/19j6zqhjs/plws/202111/t20211124_2707153.html.

［43］刘洪久，胡彦蓉，马卫民.区域创新生态系统适宜度与经济发展的关系研究［J］.中国管理科学，2013，21（S2）：764-770.

［44］刘友金，易秋平.区域技术创新生态经济系统失调及其实现平衡的途径［J］.系统工程，2005，23（10）：97-101.

［45］刘志春，陈向东.科技园区创新生态系统与创新效率关系研究［J］.科研管理，2015（2）：26-31.

［46］刘志峰.区域创新生态系统的结构模式与功能机制研究［J］.科技管理研究，2010（21）：9-13.

［47］卢立珏.地方高校科研转型的路径与策略：基于"三螺旋理论"框架的分析［D］.武汉：华中科技大学，2018.

［48］罗恩·阿德纳.广角镜战略：企业创新的生态与风险［M］.秦雪征，等译.南京：译林出版社，2014.

［49］吕一博，蓝清，韩少杰.开放式创新生态系统的成长基因：基于iOS、Android和Symbian的多案例研究［J］.中国工业经济，2015（5）：148-160.

［50］吕玉辉.企业技术创新生态系统探析［J］.科技管理研究，2011，31（16）：15-17.

［51］马琳.济南高新技术创业服务中心发展战略研究［D］.济南：山东大学，2009.

［52］毛义华，李书明.创新驱动战略下天津新型研发机构培育策略研究［J］.科技与创新，2020（5）：3.

［53］欧忠辉，朱祖平，夏敏，等.创新生态系统共生演化模型及仿真研究［J］.科研管理，2017（12）：49-57.

［54］潘剑英.科技园区创业生态系统特征与企业行动调节机制研究［D］.杭州：浙江大学，2014.

［55］乔纳森·格鲁伯，西蒙·约翰逊.美国创新简史：科技如何助推经济增长［M］.北京：中信出版社，2021.

［56］秦艳芳，冯文军，张辉，等.新型研发机构运行绩效评价指标体系研究［J］.科技成果管理与研究，2020（7）：4.

［57］任志宽，龙云凤.解密新业态：新型研发机构的理论与实践［M］.广州：广东人民出版社，2020.

［58］任志宽，龙云凤．新型研发机构监测系统模型构建与机制设计［J］．科技管理研究，2020，40（10）：8.

［59］沈如茂，董纪昌，李建博．区域创新创业生态系统的研究综述［J］．科技促进发展，2017（12）：963-973.

［60］时歌．基于PSR模型的湖北省新型研发机构发展机制研究［D］．武汉：武汉科技大学，2021.

［61］宋宏．新型研发机构：科技创新组织的范式变革［EB/OL］．（2020-01-10）［2022-01-01］．https://www.sohu.com/a/366162509_468720.

［62］孙冰，徐晓菲，姚洪涛．基于MLP框架的创新生态系统演化研究［J］．科学学研究，2016（8）：1244-1254.

［63］孙刚．长三角一体化背景下安徽新型研发机构发展策略研究［J］．全球科技经济瞭望，2020，35（8）：7.

［64］覃荔荔，王道平，周超．综合生态位适宜度在区域创新系统可持续性评价中的应用［J］．系统工程理论与实践，2011，31（5）：927-935.

［65］陶凯华．国家创新力测度与国际比较［M］．北京：科学出版社，2022.

［66］汪锦熙．高新技术产业创新生态系统创新培育影响因素研究［J］．技术与创新管理，2018（2）：148-152.

［67］汪曙光，汪贝贝．新时代背景下中国新型研发机构发展的思考与建议［J］．科技与创新，2020（1）：5.

［68］汪志波．产业技术创新生态系统演化机理研究［J］．生产力研究，2012（3）：192-194.

［69］王春莉，于升峰，王静，等．德国史太白技术转移模式对青岛市的启示［J］．科技成果管理与研究，2015（7）：5.

［70］王宏起，汪英华，武建龙，等．新能源汽车创新生态系统演进机理：基于比亚迪新能源汽车的案例研究［J］．中国软科学，2016（4）：81-94.

［71］王娜，王毅．产业创新生态系统组成要素及内部一致模型研究［J］．中国科技论坛，2013，1（5）：24-29.

［72］王小广，等．源头与活水：新型研发机构［M］．深圳：海天出版社，2020.

［73］旺德福．2018—2020年国家科技政策摘录［EB/OL］．（2020-07-10）［2022-01-01］．https://zhuanlan.zhihu.com/p/158380875.

［74］吴浩，李雪，崔荣，等．新型研发机构高价值专利培育［J］．合作经济与科技，

2020（14）：2.

[75] 吴绍波,顾新.战略性新兴产业创新生态系统协同创新的治理模式选择研究[J].研究与发展管理,2014,26（1）：13-21.

[76] 吴绍波,刘敦虎,彭双.战略性新兴产业创新生态系统技术标准形成模式研究[J].科技进步与对策,2014（18）：68-72.

[77] 吴铁明.提升铸造企业竞争力浅析[J].铸造工程,2019,43（5）：7.

[78] 吴卫,银路.巴斯德象限取向模型与新型研发机构功能定位[J].技术经济,2016,35（8）：7.

[79] 武建龙,于欢欢,黄静,等.创新生态系统研究述评[J].软科学,2017,31（3）：1-3.

[80] 闻晓光,奚凤德,陆平,等.新型制剂的研发与创新[J].科技导报,2016,34（11）：65-75.

[81] 夏秀丽,陈进.战略性新兴产业助推经济转型的机制和发展路径研究[J].江苏商论,2013（12）：4.

[82] 徐杰."三螺旋"理论视野下大学校外研究院的机制创新研究[J].中共济南市委党校学报,2020（3）：4.

[83] 徐苏涛,于静怡.如何做好新型研发机构的顶层设计？[EB/OL].（2020-05-13）[2022-01-1].http://www.gei.com.cn/kjfwy/8118.jhtml.

[84] 徐顽强,乔纳纳.2001—2016年国内新型研发机构研究述评与展望[J].科技管理研究,2018,38（12）：8.

[85] 杨虎涛.演化经济学讲义：方法论与思想史[M].北京：科学出版社,2011.

[86] 杨荣.创新生态系统的功能、动力机制及其政策含义[J].科技和产业,2013（11）：139-145.

[87] 杨艳娟.加快新型研发机构建设的浙江思路和对策研究[J].经济师,2020（11）：4.

[88] 余建清,吕拉昌.城市创新生态系统指标体系的构建及其比较研究：以广州和深圳为例[J].规划师,2011,27（3）：99-103.

[89] 曾国屏,苟尤钊,刘磊.从"创新系统"到"创新生态系统"[J].科学学研究,2013（1）：4-12.

[90] 詹志华,王豪儒.论区域创新生态系统生成的前提条件与动力机制[J].自然辩证法研究,2018（3）：43-48.

参考文献

[91] 张贵, 刘雪芹. 创新生态系统作用机理及演化研究: 基于生态场视角的解释[J]. 软科学, 2016（12）: 16-19.

[92] 张杰军, 雷鸣, 杜小军. 日本产业技术综合研究所管理体制与运行机制探析[J]. 中国科技论坛, 2005（5）: 4.

[93] 张利飞. 高科技产业创新生态系统耦合理论综评[J]. 研究与发展管理, 2009, 21（3）: 70-75.

[94] 张利飞. 高科技企业创新生态系统平台领导战略研究[J]. 财经理论与实践, 2013, 34（4）: 99-103.

[95] 张仁开. 上海创新生态系统演化研究[D]. 上海: 华东师范大学, 2016.

[96] 张运生. 高科技产业创新生态系统耦合战略研究[J]. 中国软科学, 2009（1）: 134-143.

[97] 章熙春, 江海, 章文, 等. 国内外新型研发机构的比较与研究[J]. 科技管理研究, 2017, 37（19）: 103-109.

[98] 赵放, 曾国屏. 多重视角下的创新生态系统[J]. 科学学研究, 2014（12）: 1781-1788.

[99] 赵军明, 张慧坚, 黄浩伦, 等. 新型研发机构研究现状述评及发展趋势分析[J]. 科技创新与应用, 2020（32）: 5.

[100] 中国电子信息产业发展研究院. 美国制造创新研究院解读[M]. 北京: 电子工业出版社, 2018.

[101] 周恩德, 刘国新. 我国新型研发机构创新绩效影响因素实证研究: 以广东省为例[J]. 科技进步与对策, 2018, 35（9）: 6.

[102] 朱常海, 郭曼. 我国技术转移策略研究: 技术、组织与创新生态[M]. 北京: 科学技术文献出版社, 2017.

[103] 朱常海. 新型研发机构的核心特征、制度创新与发展挑战[EB/OL]. [2020-10-02] [2022-01-01]. https://www.sciping.com/35102.html.

外文文献：

[1] ADNER R, KAPOOR R. Innovation ecosystems and the pace of substitution: re-examining technologys-curves [J]. Strategic management journal, 2016, 37 (4): 625-648.

[2] ADNER R. Match your innovation strategy to your innovation ecosystem [J]. Harv Bus Rev, 2006, 84 (4): 98-107.

[3] AFUAH A. Innovation management: strategies, Implementation, and Profits [J]. Advances in competitiveness research, 1998, 6 (6): 578-580.

[4] ALEXY O, REITZIG M. Private-collective innovation, competition, and firms' counterintuitive appropriation strategies [J]. Social science electronic publishing, 2013, 42 (4): 895-913.

[5] ALMIRALL E, LEE M, MAJCHRZAK A. Open innovation requires integrated competition-community ecosystems: lessons learned from civic open innovation [J]. Business horizons, 2014, 57 (3): 391-400.

[6] BERGEK A, JACOBSSON S, BO C, et al. Analyzing the functional dynamics of technological innovation systems: a scheme of analysis [J]. Research policy, 2008, 37 (3): 407-429.

[7] BIEBER M, ENGELBART D, FURUTA R, et al. Toward virtual community knowledge evolution [J]. Journal of management information systems, 2002, 18(4): 11-35.

[8] CARAYANNIS E G, KALOUDIS A. A time for action and a time to lead: democratic capitalism and a new "new deal" for the us and the world in the twenty-first century [J]. Journal of the knowledge economy, 2010, 1 (1): 4-17.

[9] CARLSSON B, STANKIEWICZ R. On the nature, function and composition of technological systems [J]. Journal of evolutionary economics, 1991, 1 (2): 93-118.

[10] CASTELLACCI F. Technological paradigms, regimes and trajectories: manufacturing and service industries in a new taxonomy of sectoral patterns of innovation [J]. Mpra paper, 2007, 37 (6): 978-994.

[11] CHESBROUGH H, WEST J. Open innovation: researching a new paradigm [J].

Wim vanhaverbeke, 2006, 84（4）: 1259.

［12］CHIARONI D, CHIESA V, FRATTINI F. Investigating the adoption of open innovation in the bio-pharmaceutical industry［J］. European journal of innovation management, 2009, 12（3）: 285-305.

［13］DU J, LETEN B, VANHAVERBEKE W. The up- and downsides of R&D collaboration in core and non-core technologies［J］. Academy of management annual meeting proceedings, 2013（1）: 17416.

［14］EDQUIST C. Reflections on the systems of innovation approach［J］. Science & public policy, 2004, 31（6）: 485-489.

［15］EDQUIST C. Systems of innovation: technologies, institutions and organizations［J］. Social science electronic publishing, 1997, 41（1）: 135-146.

［16］ESTRIN J. Closing the innovation gap: reigniting the spark of creativity in a global economy［J］. Business horizons, 2008, 52（5）: 513-514.

［17］FREEMAN C. Technical innovation, diffusion, and long cycles of economic development［M］. Berlin: Springer, 1987: 295-309.

［18］FUKUDA K, WATANABE C. Japanese and US perspectives on the national innovation ecosystem［J］. Technology in society, 2008, 30（1）: 49-63.

［19］GAWER A. Bridging differing perspectives on technological platforms: toward an integrative framework［J］. Research policy, 2014, 43（7）: 1239-1249.

［20］HEKKERT M P, SUURS R A A, NEGRO S O, et al. Functions of innovation systems: a new approach for analysing technological change［J］. Technological forecasting & social change, 2007, 74（4）: 413-432.

［21］HU J L, YANG C H, CHEN C P. R&D efficiency and the national innovation system: an international comparison using the distance function approach［J］. Bulletin of economic research, 2014, 66（1）: 55-71.

［22］JIMENEZ-JIMENEZ D, SANZ VALLE R, HERNANDEZ-ESPALLARDO M. Fostering innovation: the role of market orientation and organizational learning［J］. European journal of innovation management, 2008, 11（3）: 389-412.

［23］KAPOOR R, LEE J M. Coordinating and competing in ecosystems: how organizational forms shape new technology investments［J］. Strategic management journal, 2013, 34（3）: 274-296.

[24] LEYDESDORFF L, ETZKOWITZ H. Emergence of a triple helix of university—industry—government relations [J]. Science and public policy, 1996, 23 (5): 279-286.

[25] LICHTENTHALER U. Intellectual property and open innovation: an empirical analysis [J]. International journal of technology management, 2010, 52 (3/4): 372-391.

[26] MALECKI E J. Connecting local entrepreneurial ecosystems to global innovation networks: open innovation, double networks and knowledge integration [J]. International journal of entrepreneurship & innovation management, 2011, 14(1): 36-59.

[27] MALERBA, JURANDIR. As independências do Brasil: pondera??es teóricas em perspectiva historiográfica [J]. História, 2005, 24 (1): 99-126.

[28] MANTOVANI A, RUIZALISEDA F. Equilibrium innovation ecosystems: the dark side of collaborating with complementors [J]. Social science electronic publishing, 2012, 62 (2): 534-549.

[29] MCCARTHY D J, PUFFER S M, GRAHAM L R, et al. Emerging innovation in emerging economies: can institutional reforms help russia break through its historical barriers? [J]. Thunderbird international business review, 2014, 56 (3): 243-260.

[30] MOORE J F. Predators and prey: a new ecology of competition [J]. Harvard business review, 1993, 71 (3): 75.

[31] NAMBISAN S, BARON R A. Entrepreneurship in innovation ecosystems: entrepreneurs' self-regulatory processes and their implications for new venture success [J]. Entrepreneurship theory & practice, 2013, 37 (5): 1071-1097.

[32] National systems of innovation: Toward a theory of innovation and interactive learning [M]. New York: Anthem Press, 2010.

[33] NELSON R R, ROSENBERG N. Technical innovation and national systems [J]. National innovation systems: a comparative analysis, 1993, 1: 3-21.

[34] NELSON R R, WINTER S G. In search of useful theory of innovation [J]. Research policy, 1977, 6 (1): 36-76.

[35] NELSON R R. National innovation systems: a retrospective on a study [M] //

Organization and Strategy in the Evolution of the Enterprise. London: Palgrave Macmillan UK, 1996: 347-374.

[36] NELSON, RICHARD R. National innovation systems: a comparative analysis [M]. New York: Oxford University Press on Demand, 1993.

[37] OKSANEN K, HAUTAMÄKI A. Transforming regions into innovation ecosystems: a model for renewing local industrial structures [J]. Innovation journal, 2014, 19 (2): Article 5.

[38] ORMALA E. Managing national innovation systems [J]. Sourceoecd industry, 1999 (100): 1-112.

[39] PATEL P, PAVITT K. National innovation systems: why they are important, and how they might be measured and compared [J]. Economics of innovation and new technology, 1994, 3 (1): 77-95.

[40] PERSAUD A. Enhancing synergistic innovative capability in multinational corporations: an empirical investigation [J]. Journal of product innovation management, 2005, 22 (5): 412-429.

[41] PORTER M E. The competitive advantage of nations [M]. New York: The Free Press, 1990.

[42] RAO R S, CHANDY R K, PRABHU J C. The fruits of legitimacy: why some new ventures gain more from innovation than others [J]. Journal of marketing, 2008, 72 (4): 58-75.

[43] ROSENBERG N. Factors affecting the diffusion of technology [J]. Explorations in economic history, 2006, 10 (1): 3-33.

[44] SAMARA E, GEORGIADIS P, BAKOUROS I. The impact of innovation policies on the performance of national innovation systems: a system dynamics analysis [J]. Technovation, 2012, 32 (11): 624-638.

[45] SAMARA E, GEORGIADIS P, BAKOUROS I. The impact of innovation policies on the performance of national innovation systems: a system dynamics analysis [J]. Technovation, 2012, 32 (11): 624-638.

[46] SCHOT J, HOOGMA R, ELZEN B. Strategies for shifting technological systems: the case of the automobile system [J]. Futures, 1994, 26 (10): 1060-1076.

[47] SCHUMPETER J A. Business cycles [M]. New York: McGraw-Hill, 1939.

[48] SCHUMPETER J A. The schumpttr: theory economic development [M]. Cambridge: Harvard University Press, 1934.

[49] SILVERBERG G, LEHNERT D. Long waves and 'evolutionary chaos' in a simple schumpeterian model of embodied technical change [J]. Structural change & economic dynamics, 1993, 4(1): 9-37.

[50] STEVEN DALLISON, JENNIFER B H M. Resistance, resilience, and redundancy in microbial communities [J]. Proceedings of the national academy of sciences of the United States of America, 2008, 105(32): 11512-11519.

[51] STILL K, HUHTAMÄKI J, RUSSELL M G, et al. Insights for orchestrating innovation ecosystems: the case of EIT ICT labs and data-driven network visualizations[J]. International journal of technology management, 2014, 66(2/3): 243.

[52] WOOD D, WEST J. Evolving an open ecosystem: the rise and fall of the symbian platform [M] // When Do Venture Capitalists Become Board Members in New Ventures?. New York: New York Emerald Group Publishing Limited, 2013: 349-386.

[53] YIN P L, DAVIS J P, CHHABRA Y. Entrepreneurial innovation: killer apps in the iphone ecosystem [J]. Social science electronic publishing, 2014, 104(5): 255-259.